KÖLNER STUDIEN ZUM STAATS- UND WIRTSCHAFTSLEBEN

HERAUSGEGEBEN VON

P. ABERER, CHR. ECKERT, J. FLECHTHEIM,
K. JUL. FRIEDRICH, ED. GAMMERSBACH, H. GEFFCKEN,
K. HASSERT, J. HIRSCH, B. KUSKE, PAUL MOLDENHAUER,
F. STIER - SOMLO, ADOLF WEBER, K. WIEDENFELD,
A. WIERUSZOWSKI, W. WYGODZINSKI

Schriftleitung: BRUNO KUSKE

Heft 4:

Die Kupferversorgung Deutschlands und die Entwicklung der deutschen Kupferbörsen

von

Ewald Reinhardt
D. H. H. C.

Bonn 1913
A. MARCUS UND E. WEBERS VERLAG
(Dr. jur. ALBERT AHN)

Die Kupferversorgung Deutschlands und die Entwicklung der deutschen Kupferbörsen

von

Ewald Reinhardt
D. H. H. C.

Bonn 1913
A. MARCUS UND E. WEBERS VERLAG
(Dr. jur. ALBERT AHN)

Aus dem volkswirtschaftlichen Seminar

von

Professor Dr. iur. et phil. ECKERT

Inhaltsangabe.

Literatur.

I. Teil.

Buerner, Kupfernot. 1907.
— Die Entwicklung des Kupferpreises währen der letzten 25 Jahre.
Brown & Turnbull, A century of copper. London 1906.
David, Dr. Ernst, Die Kupferhüttenindustrie. Münchener Volkswirtschaftliche Studien. 1913.
Fraenkel, Der Kupferbergbau der Verein. Staaten. Zeitschr. f. d. gesamte Staatswissenschaft. 67. Jahrg. Heft 1. 1911.
Henning, Ch. H., Die Erzlagerstätten der Vereinigten Staaten von Nordamerika. Stuttgart 1911.
Lawson, T. W., Frenzied Finance. The crime of Amalgamated. London 1906.
Lenz, Dr. Rudolf, Der Kupfermarkt unter dem Einfluß der Syndikate und Trusts. Berlin 1910.
Levy, Norbert, Der Altmetallmarkt und seine volkswirtschaftliche Bedeutung. Gewerbliche Einzelvorträge. VII. Reihe. Berlin 1913.
Neumann, Bernhard, Die Metalle, Geschichte, Vorkommen u. Gewinnung. 1904.
Stevens, H. J., The Copper Handbook 1911. Vol. X.
Wenker, Hans, Die wirtschaftliche Bedeutung der Kupfererzlagerstätten der Welt in den Jahren 1906—1912. Berlin 1912.
Statistische Zusammenstellungen von Aron Hirsch & Sohn, Halberstadt. Jahrgänge 1892—1912.
Statistische Zusammenstellungen von der Metallgesellschaft Frankfurt a. M.
Geschäftsberichte:
Duisburger Kupferhütte, A.-G.
Mansfelder Kupferschiefer bauende Gewerkschaft.
Norddeutschen Affinerie, A.-G.
Otavi Minen und Eisenbahngesellschaft, A.-G. u. andere.
Zeitschriften:
The Mining Journal, London. 1906—1913.
Die Metallbörse. Zentralorgan für Metallgewinnung, Metall, Altmetall- und Erzhandel. Berlin 1911—1913.
Zeitungsausschnitte aus verschiedensten Zeitungen.
Marktberichte mehrerer Kupferhändler und Produzenten.

II. Teil.

Älteste der Kaufmannschaft von Berlin, Denkschrift betreffend Errichtung einer Metallbörse in Berlin. 1907.

Kalender der Berliner Kupferbörse. Berlin 1912 u. 1913.

Jürgens, Hamburger Börsenhandbuch.

Mitteilungen und Jahresberichte der Handelskammer zu Berlin und Hamburg.

Netter, Die Errichtung einer Metallbörse in Berlin und ihre Bedeutung für die deutsche elektrotechnische Industrie. 1907.

Verein der am Metallhandel beteiligten Firmen in Hamburg.
- Schlußscheinbedingungen für Geschäfte in Kupfer an der Hamburger Börse.
- Regulativ des Maklerbank zu Hamburg.
- Jahresberichte 1908—1913.

Verein der Interessenten der Metallbörse in Berlin.
- Schlußscheinbedingungen für Zeitgeschäfte in Kupfer an der Berliner Börse.
- Regulativ der Commerz- und Disconto-Bank Berlin.
- Jahresberichte.

Zeitungsausschnitte aus verschiedensten Zeitungen.

Jahres- u. Marktberichte einer Reihe Londoner, Hamburger und Berliner Metallhäuser.

Vorwort.

Die vorliegende Studie gibt in ihrem I. Teil eine Schilderung der Versorgung Deutschlands mit Rohkupfer und zeigt, wie durch die örtliche Verteilung der Kupferproduktion mit ihrer Konzentration in den Vereinigten Staaten, Deutschland sich in einer wirtschaftlichen Abhängigkeit von den nordamerikanischen Großproduzenten befindet und wie durch die monopolistische Stellung dieser Produzenten der deutsche Verbrauch keinen seiner Bedeutung entsprechenden Einfluß auf die Preisgestaltung von Kupfer auszuüben vermag.

Aus dem Bestreben heraus, die durch diese Abhängigkeit für die deutschen Kupferinteressenten bestehenden Nachteile zu beseitigen, oder wenigstens einzuschränken, sind die Kupferbörsen zu Hamburg und Berlin entstanden, deren geschichtliche Entwicklung und Organisation Teil II der Studie behandelt, und wo an Hand der Schilderung der Ausbildung des Terminhandels in Kupfer an diesen Börsen gezeigt wird, welche Vorteile und Möglichkeiten dadurch den Kupferinteressenten Deutschlands eröffnet worden sind.

Für die statistischen Zahlen des I. Teils sind, um auf einheitlicher Basis zu bleiben, vor allem die Zahlen der statistischen Zusammenstellungen über Kupfer von Aron Hirsch u. Sohn, Halberstadt, benutzt worden, einige Spezialstatistiken sind den statistischen Zusammenstellungen der Metallgesellschaft, Frankfurt a. M., entnommen.

Die Bearbeitung des II. Teiles ist mir ermöglicht worden durch die bereitwillige Überlassung des einschlägigen Materials aus dem Archiv eines sächsischen Kupferwerkes, daneben wurde eine große Reihe Privatauskünfte bei Berliner, Hamburger und Londoner Metallhändlern eingeholt.

Allen diesen Förderern meiner Arbeit sage ich hierdurch nochmals meinen herzlichen Dank.

Die Studie ist entstanden im Volkswirtschaftlichen Seminar von Studiendirektor Professor Dr. Chr. Eckert. Es ist mir ein Bedürfnis, dem verehrten Herrn Professor auch an dieser Stelle meinen aufrichtigsten Dank für die Unterstützung, die er der Arbeit angedeihen ließ, auszusprechen.

Ewald Reinhardt,

Bautzen,
z. Zt. London, im September 1913.

Einleitung.

Das 19. Jahrhundert brachte mit seinen großen Erfindungen der gesamten Industrie einen gewaltigen Aufschwung, der sich vor allem in einer außerordentlichen Steigerung des Bedarfs der wichtigsten Metalle zeigte. Kupfer hat hierin mit den stärksten Anteil. Die starke Steigerung der Rohkupferproduktion der Welt zeigt am deutlichsten folgende Tabelle.

Es wurden produziert, in engl. Tonnen gerechnet, nach den „Statistischen Zusammenstellungen über Kupfer" von Aron Hirsch u. Sohn, Halberstadt, Jahrgang 1891—1913:

im Jahre:	1800	1830	1880	1885	1895	1898
	10000	30000	154000	225000	334500	424000
im Jahre:	1900	1905	1910	1911	1912	
	486000	693700	857150	869370	1008290.	

Besonders auffallend ist die Steigerung seit 1880, indem die Produktion in einem Zeitraum von 32 Jahren um mehr als das sechsfache gestiegen ist; sie übertrifft hierin sogar das so wichtige Eisen. Wenn natürlich auch die Menge des gewonnenen Kupfers bei weitem nicht an die Eisenproduktion heranreicht, so ist doch der Bedarf an Kupfer seit dieser Zeit ständig stärker gestiegen als der des Eisens. Während in dem Jahrfünft 1881—85 der Weltkonsum an Rohkupfer 0,95% des Konsums an Roheisen betrug, ist er im Zeitraum 1901—1905 auf 1,27%, in den Jahren 1906—10 auf 1,30% und im Jahre 1911 sogar auf 1,50% des Roheisenkonsums gestiegen. Diesen Aufschwung verdankt das Kupfer vor allem der Elektrizitätsindustrie, die sich in den letzten Jahrzehnten besonders in Deutschland in beispielloser Weise entwickelt hat. Die riesige Ausdehnung unserer Elektrizitätsindustrie zeigt sich auch in den darin investierten Kapitalien. Auch hier sehen wir ein weit stärkeres Ansteigen der Kapitalien als in der Montanindustrie. (Vgl. hiermit die Tabelle auf Seite 2.)

Entwicklung der Zahl und des Kapitals der Aktiengesellschaften der Montan- und Elektrizitätsindustrie.

Montanindustrie.

Jahr	Gewerbe-Gruppen und -Arten	Zahl		Aktienkapital		Jahr
1886/87	Berg- und Hüttenwerke	182			667.978.723 (eingezahlt)	1886/87
1891/92	Bergwerke	147	230	718.114.696	904.501.039 („)	1891/92
	Hüttenwerke	83		186.386.343		
1896	Kohlenbergwerke, Koks- u. Torfgewinnung	107	220	313.040.000	967.840.000 („)	1896
	Erzbergwerke und -Hütten	113		654.800.000		
1902	Bergbaugesellschaften	307			1.521.903.000 (nominal)	1902
1906	Bergbau, Hütten-u. Salinenwes., Torfgräberei	352			1.306.227.000 („)	1906
	Darunter: Erzgewinnung	7			23.750.000	
	Hüttenbetrieb, auch Frisch- und Streckwerke	78			292.639.000	
	Davon: Eisen und Stahl		60		203.477.000	
	Salzgewinnung	42			241.735.000	
	Kohlengewinnung	111			705.623.000	
	Gewinnung von Erdöl (einschl. Petroleumraffinerie)	10			41.506.000	
1909	Bergbau, Hütten- u. Salinenwesen, Torfgräberei	243			1.275.045.000 (nominal)	1909
	Darunter: Erzbergbau	7			29.866.000	
	Hüttenbetrieb, auch Frisch- und Streckwerke	77			339.364.000	
	Davon: Eisen und Stahl		66		297.565.000	
	Salzgewinnung	41			238.735.000	
	Davon: Kalibergbau		29		212.570.000	
	Steinkohlenbergbau	43			421.972.000	
	Braunkohlenbergbau	57			209.167.000	
	Gewinnung von Erdöl (einschl. Petroleumraffinerie)	7			26.006.000	

Elektrizitätsindustrie.

Jahr	Gewerbe-Gruppen und -Arten	Zahl		Aktienkapital		Jahr
1886/87	Elektrizitätsgesellschaften	3			8.500.000 (eingezahlt)	1886/87
1891/92	„	9			47.830.500 („)	1891/92
1896	Elektrotechn. Fabriken u. Elektrizitätswerke	39			195.610.000 („)	1896
1902	Elektr. Industrie, Telegr.- u. Teleph.-Ges.	123			672.707.000 (nominal)	1902
1906	Elektrotechnik	41	126	297.119.000	890.095.000 („)	1906
	Elektrizitätserzeugung	85		592.976.000		
1909	Elektrotechn. Industrie	39	129	197.752.000	827.190.000 („)	1909
	Elektrizitätserzeugung	90		629.438.000		

In enormen Mengen durchwandert das Kupfer die Werke der Elektrizitätsindustrie, um, zu verschiedensten Formen verarbeitet, der Elektrizitätserzeugung und -verteilung zu dienen. In Millionen von Kilometern umspannen heute die feinen, dünnen Drähte, entweder einzeln oder in Bündeln zu Kabeln vereinigt, in einem engern oder weitern Netze, über und in der Erde, die Welt, um jene schwachen Ströme und mit ihnen Zeichen und Worte in die fernsten Gegenden zu jagen. Von den in jüngster Zeit stets neu errichteten Licht- und Kraftzentralen in Stadt und Land führen die stärkeren Kupferleitungen in hochgespannten Strömen den Maschinen in den Fabriken ihre Kraft zu und den Straßen und Wohnungen Licht. Ganz beträchtlich sind die Mengen an Kupfer, die die Elektrizitätserzeugungsmaschinen und all die Motoren benötigen, die zum Antrieb von Straßen- und Eisenbahnen, in ungenannter Zahl in Fabriken sowohl wie im Kleinbetrieb, sogar auf dem Lande Verwendung finden. Und täglich eröffnen sich neue Anwendungsgebiete für die Elektrizität, in immer weitere Kreise wird die elektrische Kraft getragen. Durch Elektrizität ist es möglich, ungeheure Naturkräfte auszubeuten, die bis vor kurzem ungenutzt blieben. Und gerade die letztvergangenen Jahre zeigen, daß wir noch mitten in der Entwicklung stehen. Fast die Hälfte des gesamten verbrauchten Kupfers entfällt heute auf die Elektrizitäts-Industrie. Deutschland verarbeitete in seinen Elektrizitätswerken 1901: 30%, 1905: 42%, 1907: 52%, 1912: 46,5% seines gesamten Rohkupferbedarfs, der im Jahre 1912 257 484 Tonnen betrug. Diesem Bedarf steht jedoch nur eine einheimische Produktion von ca. 37 000 Tonnen gegenüber, sodaß Deutschland in der Deckung seines Rohkupferbedarfs ganz auf den Weltmarkt angewiesen ist. Nächst den Vereinigten Staaten von Amerika ist Deutschland dasjenige Land, das am meisten Kupfer verbraucht, dank seiner hochentwickelten Elektrizitätsindustrie. Aber gerade die Elektrizitätsindustrie benötigt ein Kupfer ganz besonderer Qualität, es muß möglichst chemisch rein sein, da dann seine Leitfähigkeit am größten ist. Dieses Kupfer läßt sich nur durch elektrolytische Raffination herstellen, welche ihrerseits wieder einen hohen Prozentgehalt der verhütteten Erze an Gold und Silber voraussetzt, da sonst der Prozeß zu teuer ist. Diese Bedingungen erfüllen fast nur ausländische Erze, vor allem ist es bis heute Amerika, das an der elektrolytischen Raffination den größten Anteil hat. Daher ist die Elektrizitätsindustrie fast vollständig auf die Verwendung amerikanischen Elektrolytkupfers angewiesen, da die einheimische Produktion an Elektrolytkupfer nur ganz gering ist. Im Jahre 1912 betrug die Einfuhr von amerikanischem Kupfer 88,5% der Gesamteinfuhr an Rohkupfer. So ist Deutschland ähnlich wie in seinem Bedarf an Baumwolle in immer größerem Maße auch in seinem Bedarf an Kupfer in eine wirtschaftliche Abhängigkeit von Amerika geraten. Aber wie bei Baumwolle ist Deutschland auch bei Kupfer bis heute ohne denjenigen Einfluß auf die Preisgestaltung am Weltmarkt geblieben, der ihm in Anbetracht seines bedeutenden Konsums zufallen sollte.

Welche Möglichkeit besteht, die aus diesem Abhängigkeitsverhältnis für den deutschen Interessenten sich ergebenden Nachteile zu beseitigen, insbesondere, ob die neuerrichteten Kupferbörsen in Hamburg und Berlin in der Lage sein werden, einen wesentlichen Einfluß auszuüben, soll Gegenstand der folgenden Untersuchung sein.

I. Teil.

Die Rohkupferversorgung Deutschlands.

I. Grundlagen der Rohkupferversorgung.

A. Produktion von Kupfer.

1. Weltproduktion von Kupfer.

a) Erzproduktion.

Die Lagerstätten von Kupfererz sind fast über das ganze Gebiet der Erde verbreitet, in fast allen Ländern finden sich größere oder kleinere Kupfererzlager. In Bezug auf die Abbaufähigkeit der Lagerstätten weisen jedoch die verschiedenen Vorkommen große Abweichungen auf. Reichhaltigkeit der Erze, Vorhandensein von Schmelzmaterial, Transportverhältnisse, Bevölkerungszustände und andere wichtige Bedingungen sind an die Rentabilität des Abbaues der Lagerstätten geknüpft. So wird gediegenes Kupfer in größeren Massen am Oberen See in Nordamerika gewonnen, ebenso auch in Neu-Mexiko, in Chile und Südaustralien, während an andern Lagerstätten, z. B. beim größten deutschen Kupfervorkommen in Mansfeld, noch Erze von nur 2—3% Kupfergehalt mit Nutzen verhüttet werden. In der Hauptsache erfolgt die Gewinnung aus den verschiedenen Kupfererzen. An erster Stelle stehen hier der Kupferkies und der Kupferglanz, aber auch Buntkupfererze, Malachit, Kupferlasur und Rotkupfererze kommen zur Verhüttung. In früheren Zeiten lag der Hauptschwerpunkt der Kupfergewinnung in den europäischen Ländern. Nachdem im Mittelalter vor allem die deutschen und österreich-ungarischen Minen den Bedarf an Kupfer gedeckt hatten, kamen im 17. Jahrhundert allmählich die Erzlager zu Falun in Schweden zu größerer Bedeutung. Auch Rußland hatte zu dieser Zeit einen großen Anteil an der Rohkupfergewinnung.

Im 18. Jahrhundert begann allmählich die Kupfergewinnung in Cornwall in England immer größere Ausdehnung zu erlangen und machte so für die erste Hälfte des 19. Jahrhunderts England zum Beherrscher des Kupfermarktes. Deutschlands Produktion war zu dieser Zeit noch sehr gering, es war für den größten Teil seines Bedarfes auf englisches Kupfer angewiesen. Noch größer als die Gewinnung aus eigenen Erzen war in England die Hüttenproduktion aus fremden, meist aus Chile eingeführten Erzen, überhaupt war in der ersten Hälfte des 19. Jahrhunderts Chile der Hauptversorger von Kupfererzen, die in englischen Hütten verschmolzen wurden. Mit dem Beginn der 50er Jahre setzt jedoch ein gewaltiger Umschwung ein. Zunächst kommen die alten spanisch-portugiesischen Minen zu großer Blüte und sind für eine kurze Spanne Zeit die Hauptproduzenten von Kupfererz, aber auch sie werden bald seit dem Beginn der 80er Jahre von den Vereinigten Staaten Nordamerikas zurückgedrängt oder überholt. Die erst seit 1845 dort in rationeller Weise abgebauten Vorkommen haben eine ganz gewaltige Produktionssteigerung erlebt. Schon im Jahre 1887 werden bei einer Weltproduktion an Kupfer von 227 400 t, 80 400 t oder 35% in den Vereinigten Staaten gewonnen. Ihnen folgt Spanien und Portugal mit 54 000 t gleich 24%, Chile mit 29 600 t gleich 13%. Deutschland war dank der raschen Entwicklung der Mansfelder Kupferschieferbauenden Gewerkschaft mit $6^2/_3$ % an der Weltproduktion beteiligt. Auch in dem letzten Jahrzehnt des 19. und im ersten Jahrzehnt des 20. Jahrhunderts hat die Entwicklung des nordamerikanischen Kupferbergbaues enorme Fortschritte gemacht; 1895 wurden schon 51% der gesamten Produktion in der Union gewonnen und im Jahre 1909 erlangte die Union mit 58,3% ihren Höhepunkt. In den letzten Jahren ist prozentual wieder eine kleine Abnahme eingetreten durch die verstärkte Ausbeute in mittel- und südamerikanischen, sowie australischen Minen. Nach den statistischen Aufstellungen der Metallgesellschaft zu Frankfurt a. M. verteilte sich die Weltproduktion im letzten Jahrzehnt wie folgt:

Bergwerksproduktion von Kupfer

nach den hauptsächlichsten Kupfergewinnungsländern.

Statistische Zusammenstellungen der Metallgesellschaft zu Frankfurt a. Main.

Gewinnungs-land:	1904	1905	1906	1907	1908	1909	1910	1911	1912
Europa:									
Deutschland Mansfeld	19 000	19 900	18 100	17 300	18 000	19 000	20 300	20 900	20 500
übrige Betriebe	2 300	2 600	2 600	3 500	2 500	3 800	4 800	1 500	3 800
Großbritannien	500	500	800	700	600	400	500	400	400
Norwegen-	5 500	6 400	6 200	7 100	9 300	9 300	10 600	9 500	11 100
Schweden	400	600	1 500	2 000	2 000	2 000	2 000	2 000	1 500
Russland	10 800	8 800	10 700	15 200	20 400	18 000	22 700	25 700	33 500
Spanien u. Portugal	47 800	45 500	50 100	50 500	53 400	53 000	51 100	51 800	59 900
übrige Länder	5 900	5 100	4 700	5 700	8 000	9 900	11 100	13 200	14 200
zusammen Europa	92 200	89 400	94 700	102 000	114 200	115 400	123 100	125 100	144 900
Amerika									
a) Nordamerika									
Verein. Staaten	368 600	395 000	416 200	398 800	430 100	495 800	492 700	491 600	563 700
Mexiko	61 700	66 200	61 600	57 500	40 600	57 200	62 500	61 300	72 000
Canada	19 500	20 900	25 900	26 000	29 000	24 500	26 100	25 300	35 300
Neufundland	2 200	2 300	2 300	1 700	1 500	1 400	1 100	1 200	500
zusammen Nordamerika	452 000	484 400	506 000	484 000	501 200	578 900	582 400	580 000	671 500
b) Mittel und Südamerika									
Chile	30 600	29 600	26 200	27 100	38 900	36 400	35 800	30 100	37 900
Peru	6 900	8 800	8 600	10 700	15 200	16 300	27 400	28 500	27 600
übrigen Staaten	2 200	2 200	2 600	2 700	5 700	5 600	6 300	7 400	9 400
zusammen Mittel- u. Südam.	39 700	40 600	37 400	40 500	59 800	58 300	69 500	66 000	74 900
zus. Amerika	491 700	525 000	543 400	524 500	561 000	637 200	651 900	646 000	746 400
Afrika									
Kapland	7 900	7 400	6 600	6 800	6 900	7 000	7 000	7 100	6 400
übriges Afrika	—	—	400	100	—	8 100	8 400	10 200	10 200
zusammen Afrika	7 900	7 400	7 000	6 900	6 900	15 100	15 400	17 300	16 600
Asien									
Japan	35 400	36 500	43 400	49 700	43 700	47 800	46 700	55 900	66 600
Australien	34 700	34 500	36 800	40 900	40 100	35 000	41 000	42 500	47 800
Weltprod.	661 900	692 800	725 300	725 000	765 900	850 500	878 100	886 800	1022300

Wir sehen also, daß die wichtigsten Gewinnungsstätten der Welt heute bei weitem in Amerika liegen und nicht weniger als 74% der Weltproduktion im Jahre 1910 auf das gesamte Amerika entfallen. Man kann drei Hauptlagerstätten in den Vereinigten Staaten unterscheiden: das Gebiet Arizonas, den Buttedistrikt in Montana, sowie das Lakegebiet in Michigan. Die Minen Arizonas und Montanas wetteifern um den Rang der stärksten Produktion. Arizona steht jedoch seit 1910 an erster Stelle der Welt. Seine Produktion betrug 1912 162 283 engl. Tonnen. In seinem weiten Gebiet birgt es enorme Schätze an Kupfererzen. Nicht weniger als 1/6 aller Minen Nordamerikas liegen in Arizona. Erst seit 1852, endgültig aber seit Ende der 70er Jahre [1]), hat sich hier und in Montana der Kupferbergbau zu seiner heutigen gewaltigen Größe entwickelt. Copper Queen, United Verde, Calumeth und Arizona, Arizona und Superior-Pittsburg sind in diesen Bezirken die größten Minen, deren Einrichtungen auf hoher technischer Stufe stehen und von großer Leistungsfähigkeit sind. Neben diesen bauen noch zahlreiche kleinere Minen die mächtigen Erzkörper ab.

Die größten und bedeutendsten Minen der Welt besitzt heute der Staat Montana. Hier ist es vor allem der Buttedistrikt mit seinen reichen Schätzen an Kupfererzen, in dessen Gebiet die großen Minen wie Anaconda und Boston und Montana liegen. Anaconda produzierte im Jahre 1912 allein 135 798 t und damit 13,4% der Weltproduktion. Berücksichtigt man außerdem, daß die übrigen Minen Arizonas fast alle unter der Kontrolle von Anaconda stehen, so sehen wir, welch gewaltige Produktionsmengen hier in einer Hand vereinigt sind.

Das Lakegebiet in Michigan steht mit einer Ausbeute von 105 067 t an 3. Stelle. Das Kupfer kommt hier in starkem Maße gediegen vor; das Gebiet ist daher eine der ältesten Lagerstätten der Welt, die abgebaut wurden, und hat im Laufe der Zeit gewaltige Mengen des roten Metalls produziert. Die wichtigsten Lakeminen sind die der Calu-

1) Im Jahre 1877 werden das Kupfer des Bisbuedistriktes in Arizona und die Anacondamine in Montana entdeckt.

meth u. Hecla Mining Co., Osceola Consolidated Mining Co., Quincy Mining Co., Tamarak Mining Co. und Isle Royal Mining Co. Neben diesen bestehen noch eine Reihe kleinerer Minen, die alle unter der Kontrolle von Calumeth u. Hecla stehen. Die Lake-Minen nehmen seit jeher eine besondere Stellung unter den amerikanischen Kupferproduzenten ein. Sie sind die einzigen Minen, die an ihren Gewinnungsstätten das Kupfer in eigenen Raffinerien im Hüttenprozeß fertig raffinieren. Lakekupfer spielt daher im Handel eine ganz besondere Rolle, da es nicht elektrolytisch, sondern hüttenmännisch raffiniert ist. Es eignet sich also nicht für den Verbrauch der Elektrizitätsindustrie; dagegen ist es für andere Zwecke, besonders für den Apparatebau und die Maschinenindustrie, besonders geeignet, da es infolge seines Arsengehaltes eine erhöhte Festigkeit im Vergleich zum Elektrolytkupfer besitzt.

Neben diesen 3 Hauptproduktionsgebieten treten die übrigen Kupfererzvorkommen in den Vereinigten Staaten bedeutend zurück. Immerhin bieten auch noch andere Lagerstätten große Aussicht auf die Zukunft. In den letzten Jahren ist vor allem in Utah die Kupferproduktion ganz gewaltig gefördert worden. Die Utah Copper Co., die erst im Jahre 1903 gegründet wurde, besitzt heute die ausgedehntesten Erzvorkommen der Welt, zusammen mit der Boston Consolidated Mining Co. Da ihre Erze sehr gering an Kupfergehalt sind und im Tagebau in großartigem Maße mit Baggern gewonnen werden, ist heute das Gewicht der dort geförderten Erzmengen das größte, das überhaupt von einer einzigen Mine in irgend einem Metall gefördert ward. Infolge dieses Massenabbaues sind die Produktionskosten der Mine sehr gering, und die gewaltige Produktionssteigerung, die die Utah-Mine in den letzten Jahren zu verzeichnen hatte, legt ein Zeichen ihrer großen Entwicklungsfähigkeit ab. Während die Produktion 1905 erst 2482 t betrug, stieg sie 1908 schon auf 23 473 t und erreichte im Jahre 1911 schon 63 636 t jährliche Produktion. Der geringe Rückgang auf 61 855 t im Jahre 1912 ist auf Arbeiterunruhen zurückzuführen. Auch die Gebiete der Staaten Nevada und California treten mit jedem Jahr mit größeren

Produktionsmengen auf den Plan. Im ganzen verteilte sich in den Jahren 1911 und 1912 die nordamerikanische Produktion, wie sie von dem Engineering and Mining Journal angegeben wird, wie folgt auf die einzelnen Staaten in metrischen Tonnen:

	1911 Tonnen		1912 Tonnen
Arizona	143 761		162 283
Montana	124 031		140 219
Michigan, Lake Superior .	98 554		105 067
Utah	63 636		61 855
Nevada und Idaho . . .	30 677		39 390
California	16 821		14 547
Tenessee und Southern . .	8 685		7 780
Alaska	7 348		15 450
Colorado	3 810		3 004
New-Mexiko	1 037		12 072
Übrige Staaten	1 180		2 047
zusammen:	499 540	Tonnen	563 714

Neben den Vereinigten Staaten kommt vor allem Mexiko in zweiter Linie für die Weltversorgung mit Rohkupfer in Betracht. Waren doch Ende 1907 nicht weniger als 3587 reine Kupferminen und Minen mit Kupfer und andere Metalle haltenden Erzen in Mexiko vorhanden, und kein anderes Land hat seit dem Beginn des 20. Jahrhunderts solche Fortschritte im Kupferbergbau gemacht wie Mexiko. Die Größe der Minen ist ganz verschieden; von kleinster Ausdehnung mit wenigen Hektaren bis zu tausenden von Hektaren, wie die größte, die Greene Cananea Copper Co., die im Staate Sonora liegt und sich an das Gebiet von Arizona anschließt. Ihre Produktion betrug im Jahre 1910 20 633 t Rohkupfer bei einer Gesamtproduktion Mexikos von 59 700 t, während letztere im Jahre 1900 nur 22 300 t betrug. 1912 stellte sich die Gesamtproduktion Mexikos auf 71 980 t engl. Auch die Minen Mexikos sind durch fortschreitende Besserung der bestehenden Transportverhältnisse einer großen Entwicklung fähig.

Auch im Norden der Ver. Staaten, in Britisch-Columbia, ist neuerdings ein wichtiger Kupferproduzent entstanden, der sich sicher weiter entwickeln wird. Im Süden Amerikas sind ebenfalls bedeutende Kupferlager vorhanden. Hier steht an erster Stelle Chile, das in früheren Jahren eine Zeit lang der Hauptversorger der Welt war und das auch heute noch bedeutende Mengen Rohkupfer produziert. Wie in Chile, so haben wir auch in Peru eine Reihe guter, unentwickelter Minen, die viel Kapital und langjährige Erschließung erfordern, ehe sie als ernstliche Produzenten in Betracht kommen können, auf die aber große Hoffnungen gesetzt werden. Die übrigen Vorkommen Mittel- und Südamerikas sind von geringer Bedeutung.

An erster Stelle der europäischen Produktionsstätten steht Spanien und Portugal. Noch um die Mitte des 19. Jahrhunderts an erster Stelle der Welt stehend, folgt es heute in weitem Abstande Amerika. Seit ältester Zeit schon sind die noch immer enorme Mengen enthaltenden Schwefelkieslager der spanischen Provinz Huelva und des anstoßenden Teiles von Portugal, Alemtejo und Algarve abgebaut worden. Noch heute sind die Minen der Rio Tinto Co. Ltd. und der Tharsis Gulphior & Copper Co. Ltd. die bedeutendsten europäischen Kupfererz-Produzenten, und trotz dreitausendjährigen Abbaues sind die Vorräte bei weitem noch nicht erschöpft. Im Jahre 1910 betrug die Produktion 51 100 Tonnen.

Der zweitwichtigste Produzent Europas ist seit 1912 Rußland, das erhebliche Mengen, zum Teil sehr reicher Kupfererze hat. Die Förderung wird infolge mangelnden Brennmaterials und hoher Transportkosten noch sehr zurückgehalten; immerhin hat sie in den letzten Jahren große Fortschritte gemacht unter dem Schutze des hohen Zolls auf Kupfereinfuhr. Heute wird noch die ganze einheimische Produktion in Rußland selbst konsumiert, doch dürfte in den nächsten Jahren russisches Kupfer auch Absatz auf dem Weltmarkt suchen. Vor allem zeigt die Produktion im Ural in den letzten Jahren eine starke Steigerung, und die Fertigstellung elektrolytischer Raffinieranlagen wird Rußland bald unabhängig von amerikanischem Elektrolytkupfer machen. Die Produktion betrug im Jahre 1912: 33 000 t (engl.) gegen 25 500 in 1911 und überholte somit Deutschland, das mit 30 510 t Produktion an dritter Stelle in Europa folgt. Die übrigen Länder Europas sind von geringer Bedeutung.

Asien, das auf Amerika und Europa folgt, besitzt neuerdings in Japan einen mächtig vorwärts drängenden Kupferproduzenten. Nachdem Japan schon im 17. und 18. Jahrhundert einen Teil des ostasiatischen Bedarfs gedeckt hatte, beginnt es seit seiner wirtschaftlichen Erschließung zu Anfang der 70er Jahre des vergangenen Jahrhunderts größere Mengen Kupfers auf den europäischen Markt zu werfen. Von 3900 t im Jahre 1881 ist die Ausbeute der Minen auf 50 000 t im Jahre 1910 gewachsen und steht mit einer Produktion von 65 000 t im Jahre 1912 bereits an 3. Stelle der Weltproduktion. Sein Bergbau und seine Hüttenindustrie sind hochentwickelt, sodaß japanisches Kupfer keine unbedeutende Rolle auf dem Weltmarkt spielt. Die übrigen, in dem weiten Gebiet Asiens vorhandenen Kupfererzlager sind noch ganz unaufgeschlossen.

Der Produktion Japans steht nur ganz wenig diejenige von Australien nach. Auch die Kupfererzproduktion Australiens hat sich in den letzten Jahren bedeutend entwickelt, trotzdem der Abbau der gewaltigen Kupfererzlager infolge Wassermangels und ungenügender Transportverhältnisse noch sehr erschwert ist. Während die Erzproduktion im Jahre 1893 nur 7600 t betrug, erreichte sie 1900 23 400 t und ist heute auf 45 500 t im Jahre 1912 angelangt.

Afrika beginnt erst in der allerletzten Zeit sich als Kupferproduzent bemerkbar zu machen. In der Kapkolonie bauen die Cape Copper Co. und die Namaqua Copper Co. Kupfererze ab. Seit 1904 kommen aus Deutsch-Südwest-Afrika Kupfererze zum Versand. Anfang März 1911 ist endlich auch das erste Kupfer der Katanga-Mine, die im belgischen Kongostaate gelegen ist, zum Verkauf gekommen und wird seit dieser Zeit regelmäßig in gewissen Abschnitten an der Antwerpener Börse versteigert. Inwieweit diese Produktionsstätte, über die oft schon fabelhafte Gerüchte laut wurden, die auf sie gesetzten Erwartungen erfüllen wird, wird die Zukunft lehren. Immerhin hat auch dieses Vorkommen gerade für Deutschland, dessen ostafrikanische Kolonie an dieses Gebiet grenzt, ganz besonderes Interesse.

β) Hüttenproduktion.

In vielen Fällen deckt sich nicht der Ort der Kupfererzgewinnung mit dem der Kupferverhüttung, da oft die Ergiebigkeit der einzelnen Minen nicht ausreicht, um die Erze einer Mine nutzbringend zu verhütten. Oft schließt auch der Mangel an nötigen Brennmaterialien oder Zuschlägen und die Art der Erze eine vorteilhafte Verhüttung in der Nähe der Mine aus. Im allgemeinen zerfällt die Verhüttung der Erze bis zum Ausbringen des Feinkupfers in 4 Hauptprozesse. Die aufbereiteten Erze werden zu einem Rohstein verschmolzen, der bis zu 50% Kupfer enthalten kann. Dieser wird wiederum verhüttet und ergibt einen Konzentrations- oder Spurstein, der 72—78% Kupfer enthält, und durch nochmaliges Schmelzen ergibt sich ein Rohkupfer von ca. 94—99% Kupfergehalt. Um das Kupfer jedoch für den Verbrauch nutzbar zu machen, muß es noch einer Raffination unterzogen werden, die entweder durch ein Raffinationsschmelzen oder durch Elektrolyse geschieht. Es ergibt sich dann entweder Raffinad- oder Elektrolytkupfer. Die Verhüttung bei den Minen oder wenigstens in der Nähe der Minen erfolgt in der Regel in Amerika nur bis zum Konzentrationsstein oder Rohkupfer. Noch bis zum Beginn der 90er Jahre führte Amerika fast nur Rohkupfer aus, das hauptsächlich in den Hütten Englands zu Feinkupfer verhüttet wurde.

Nur die Lake-Minen verhütten heute ihr Rohkupfer bis zum Feinkupfer durch Raffinationsschmelzen in den großen Raffinationsanlagen der Calumeth u. Hecla Mining Co. zu Lake-Linden und Buffalo. Sie sind die einzigen größeren Hütten, die heute noch Raffinadkupfer in Nordamerika herstellen. Alle übrigen Minen schicken ihr Rohkupfer in die großen elektrolytischen Raffinerien an der Küste des Atlantischen Ozeans. Wenn man bedenkt, daß der enormen Zahl von großen und kleinen Minen in Nordamerika nur 13 Raffinerien gegenüberstehen, so ist es erklärlich, welch enorme Mengen Feinkupfer diese raffinieren. Produzierten sie doch im Jahre 1912 nicht weniger als 575 149 Tonnen Elektrolytkupfer, also ca. 57% der Weltproduktion. Außer dem nordamerikanischen Kupfer raffinieren sie auch noch beträchtliche Mengen Kupfer anderer Länder, besonders mexikanisches und südamerikanisches Kupfer, da in diesen Ländern die Hüttenindustrie nur wenig entwickelt ist und elektrolytische Raffinerien fehlen. So wurden im Jahre 1912 in Gestalt von Kupfererzen und Rohkupfer noch 183 187 engl. t in die Ver. Staaten eingeführt, die alle in den elektrischen Raffinerien verhüttet wurden. Daraus ergibt sich, daß die Feinkupferproduktion Nordamerikas bei weitem noch bedeutender ist als die Kupfererzproduktion. 1912 stand einer Erzproduktion mit einem Kupfergehalte von 557 590 t eine Feinkupferproduktion von 715 147 t gegenüber, oder mehr als 70% der Weltproduktion. Aus der geringen Anzahl der Raffinerien, die das Kupfer für den Verbrauch auf den Markt bringen, erklärt sich aber auch weiter der gewaltige Einfluß, den diese amerikanischen Produzenten auf dem Kupfermarkte besitzen. Die Raffinerien sind es zum großen Teil, die die Minen beherrschen, auf sie gründen sich die gewaltigen Konzerne, die den Markt beherrschen.

Die Feinkupferproduktion mittel- und südamerikanischer Staaten ist ganz unbedeutend.

Den zweitgrößten Anteil an der Hüttenproduktion von Feinkupfer besitzt England, nachdem die Hütten Englands noch vor 50 Jahren die Weltversorger mit Feinkupfer gewesen waren. Während früher vor allem chilenische Erze und Rohkupfer hier zur Verhüttung gelangten, werden heute neben diesen vor allem die Erze der spanischen Minen, die selbst kein Kupfer raffinieren, in England verhüttet. Im Jahre 1912 wurden in den englischen Hüttenwerken ca. 66 000 t Kupfer hergestellt, dazu lieferten die fast erschöpften einheimischen Gruben Cornwalls nur ca. 100 Tonnen.

Nach England folgt Deutschland mit einer Kupferproduktion, die zum großen Teil aus eigenen Erzen geschieht, von 43 500 t für 1912, ihm folgt Rußland mit 33 000 t.

In den übrigen europäischen Ländern ist die Hüttenproduktion auch von geringer Bedeutung.

Die Hüttenproduktion der übrigen Erdteile läßt sich nicht mit gleicher Genauigkeit statistisch erfassen. Die Produktion Japans dürfte im Jahre 1912 ca. 55 000, diejenige Australiens ca. 40 000 t betragen haben. Auch diese Produktion ist zu einem großen Teil Elektrolytkupfer.

2. Kupferproduktion Deutschlands.

a) Produktion aus heimischen Erzen.

Wenn auch die Produktion von Rohkupfer in Deutschland bei weitem nicht den Bedarf des roten Metalls zu decken vermag, so ist sie doch von erheblicher Bedeutung, beträgt sie doch noch ca. 14% des Verbrauchs im Jahre 1912. Immerhin ist dabei in Betracht zu ziehen, daß sich die Produktion in den letzten 10 Jahren im Gegensatz zum Konsum fast nicht verändert hat; sie stieg von ca. 31 000 t im Jahre 1901 auf ca. 37 000 t im Jahre 1912. Während dessen hat sich dagegen der Konsum verdoppelt, und die steigende Entwicklung unserer Elektrizitätsindustrie, die geplante Einführung des elektrischen Betriebes bei den Eisenbahnen usw. läßt die Vermutung einer weiteren Steigerung des Rohkupferbedarfes naheliegen. Betrachten wir daher den deutschen Kupferbergbau und die Möglichkeit einer Steigerung seiner Produktion.

Die Kupfererzproduktion Deutschlands erlangte in der zweiten Hälfte des vorigen Jahrhunderts einen großen Aufschwung, vor allem durch die rasche Entwicklung, die der Mansfelder Bergbau nahm, nachdem er im Anfang der fünfziger Jahre aus staatlichem Besitz in Privathand übergegangen war. Seit 1860 bis 1887 war seine Produktion von 1500 t auf 13 326 t gesteigert worden, sodaß sein Anteil an der gesamten deutschen Produktion 87% betrug. Auch in den 90er Jahren wurde der Kupferbergbau Deutschlands weiter gesteigert bis zum Jahre 1899. Seit dieser Zeit ist die deutsche Kupfererzproduktion fast unverändert geblieben.

Die Kupfererzproduktion im Deutschen Reiche betrug

1890	1900	1905	1910
596 100	747 749	793 488	925 957 Tonnen Erz,

und zwar verteilte sich die Gewinnung nach den Angaben des statistischen Jahrbuches für das Deutsche Reich auf 23 Hauptbetriebe und 36 Nebenbetriebe im Jahre 1908.

Die Hauptlagerstätten finden sich am Harz und nordöstlich davon, aber auch in Westfalen, im Regierungsbezirk Arnsberg, in Hannover, Niederschlesien und Sachsen wird der Kupfererzbergbau betrieben. Den Hauptanteil an der Kupfererzgewinnung hat der Mansfelder Kupferbergbau.

Er liefert ungefähr 80—90% der deutschen Kupfererzproduktion. Schon seit dem Ende des 12. Jahrhunderts wird hier das Kupfervorkommen ausgebeutet, und aus den Gruben sind im Laufe der Zeiten gewaltige Mengen Kupfererze ans Tageslicht gefördert worden. Wenn auch das Kupferschiefer führende Flöz keine reichhaltigen Erze führt, so ist doch seine Ausdehnung so gewaltig, daß die Ergiebigkeit und Abbaufähigkeit noch auf viele Jahre gesichert ist. Die geförderten Erze haben im Durchschnitt einen Kupfergehalt von 2—3%, außerdem noch 5 kg Silber pro Tonne. Das Flöz, das im Durchschnitt eine Stärke von 15 cm hat und ziemlich horizontal gelagert ist, hat eine Ausdehnung von ungefähr 200 Quadratmeilen. Im Jahre 1852 wurden die in dem Bezirk liegenden 5 Gewerkschaften unter dem Namen „Mansfeldesche Kupferschiefer bauende Gewerkschaft" vereinigt. Die wichtigsten der heute abgebauten Gruben liegen in dem Gebiet, das sich von Eisleben über Helbra, Kloster Mansfeld, Leimbach, Hettstedt nach Gerbstedt hin erstreckt.

Der Abbau erfolgt heute auf 9 Schächten in einer Tiefe von 600—700 m, wovon die bedeutendsten neuen Schächte der Johannes-Schacht bei Hohenthal und der Hermanns-Schacht bei Helbra sind. Die Produktion der Gruben hat in den letzten 50 Jahren des vergangenen Jahrhunderts beträchtlich zugenommen, um sich dann seit 1895 mit geringen Schwankungen ungefähr auf der gleichen Höhe zu halten. Im Jahre 1850 betrug die Produktion ca. 1200 t, stieg 1865 auf 2600, 1880 auf 11 400, 1891 auf 15 365, erreichte 1899 eine Höhe von 24 315 und schwankt seit 1900 zwischen ca. 18 000 und 20 500 t Feinkupfer.

Die Zahlen der letzten 7 Jahre sind folgende:

1906	1907	1908	1908	1010	1911	1912
20 054	19 411	17 986	19 016	20 312	20 850	20 503 t.

Im Jahre 1912 waren auf den Kupferschieferrevieren nach Angaben der Gewerkschaft 13 877 Arbeiter beschäftigt. Die Förderung an Erzen betrug 879 695 t, sog. Miner. Auf den eigenen Hüttenwerken wurden in einem eigenartigen Verhüttungsprozeß, aus dem auch das Silber gewonnen wird, die Erze verhüttet und raffiniert. Aus einer Menge von 873 140 t Erzen wurden im letzten Jahre 20 393,396 t Kupfer hergestellt, wozu noch 109,690 t Kupfer aus fremden Erzen gewonnen wurden, sodaß sich die Gesamtproduktion im Jahre 1912 auf 20 503,086 t Mansfelder Raffinad belief. Mansfelder Kupfer ist also ein hüttenmännisch raffiniertes Kupfer. Es ist von bester Qualität, sehr rein, äußerst geschmeidig und doch zähe, sodaß es vor allem für den Lokomotiv- und Apparatenbedarf besonders geeignet ist. — In den 80er Jahren wurde ein kleiner Teil der Mansfeldschen Produktion auch elektrolytisch raffiniert, und angeblich sollen auf den Mansfelder Hütten sogar die ersten Versuche der elektrolytischen Raffination gemacht worden sein. Seit Ende 1909 ist aber die elektrolytische Raffinerie eingestellt worden, da sie sich bei dem geringen Gehalt der Erze an Edelmetallen nicht als nutzbringend erwies. Die gesamte Produktion stellt sich also jetzt als Raffinadkupfer dar.

Von weit geringerer Bedeutung sind die übrigen Kupferproduktionsstätten Deutschlands. Als Erzproduktionsstätten kommen noch die Stadtberger Gruben und der Harzer Bergbau, vor allem am Rammelsberg, in Betracht. Die der Stadtberger Hütte A. G. gehörigen Gruben bei Niedermarsberg in Westfalen fördern jährlich ca. 40 000 t Kupfererze, während die Produktion der staatlichen Gruben der Kommunion-Hütten-Staatswerke Oker ca. 28 000 t Erze fördern.

Der Abbau der übrigen Lagerstätten in Rheinland, Sachsen, Bayern und Schlesien ist nur von geringer Bedeutung und findet nur im Nebenbetrieb bei Gewinnung anderer Erze statt. Die Statistik des Deutschen Reiches von 1911 gibt die Kupfererzgewinnung für das Jahr 1908 wie folgt an, welche Zahlen auch heute im Großen und Ganzen noch Geltung haben dürften:

Im rheinischen Bezirk, einschl. des Vorkommens bei Stadtberge, wurden gewonnen: in 5 Betrieben 49 850 t mit einem berechneten Kupfergehalt von 1112 t. Im übrigen Deutschland wurden gefördert (Harz, Mansfeld, Niederschlesien und Sachsen einschl. Bayern): in 18 Betrieben 677 031 t mit einem berechneten Kupfergehalt von 19 311 t; zusammen: 726 881 t geförderte Erze mit einem berechneten Kupfergehalt von 20 921 t.

Sowohl die Stadtberger Hütte wie auch die Werke zu

Oker und Altenau haben eigene Hüttenwerke, in denen die von ihnen gewonnenen Erze verhüttet werden. Auch sie verarbeiten fast nur eigene heimische Erze; in Oker werden noch Mattes, d. s. angereicherte Kupfererze, die aus Südamerika, den Ver. Staaten, Kanada und Australien importiert werden, verhüttet. Im Jahre 1909 produzierte die Stadtberger Hütte ca. 650 t Rohkupfer, während die Produktion der Harzer Werke im gleichen Jahre ca. 1632 t betrug, und zwar elektrolytisch raffiniertes Kupfer.

Aus eigenen Erzen erzeugen ferner noch die Verein. Königs- und Laurahütte in Oberschlesien jährlich ca. 1000 t Zementkupfer.

β) Produktion von Rohkupfer aus fremden Erzen.

Die übrigen deutschen Hüttenwerke verarbeiten fast ausschließlich fremde Erze. Der Import an Kupfererzen ist im Vergleich zur einheimischen Erzproduktion sehr gering. Nach der Statistik von Aron Hirsch u. Sohn wurden im Jahre 1912 23 192 t Kupfer- und Bleierze eingeführt, deren Kupferinhalt auf 2805 t geschätzt wurde. Die Einfuhr dieser Erze erfolgte nach den gleichen Angaben wie folgt:

5880 t	aus	Dänemark	zu 5%	Cu-Gehalt	=	294 t Kupfer.
6367 t	„	Schweden	„ 25%	„ „	=	1591 t „
1831 t	„	Spanien	„ 70%	„ „	=	128 t „
3168 t	„	versch. Ländern	zu 25%	„	=	792 t „
						2805 t Kupfer.

Ferner werden von der iberischen Halbinsel ganz beträchtliche Mengen kupferhaltige Schwefelkiese eingeführt, denen der Schwefel zur Schwefelsäurefabrikation entzogen wird, wonach dann aus dem übrig bleibenden Abbrand das Kupfer gewonnen wird. An Schwefelkiesen wurden eingeführt:

	1912:
Aus Spanien	904 455 t
Aus Portugal	45 275 t
	949 730 t

Da die Schwefelkiese, auch Pyrite genannt, ca. $2^1/_2$ % Cu enthalten, so wurden dadurch ca. 23 743 t Cu eingeführt. An der Verhüttung der Schwefelkiese ist vor allem die Duisburger Kupferhütte A. G. beteiligt. Diese ist von einer Anzahl chemischer Werke gegründet, die aus Spanien kupferhaltige Schwefelkiese importieren, aus diesen den Schwefel extrahieren und den Abbrand an die Hütte liefern. Die Hütte verarbeitet den Abbrand zu Zementkupfer und raffiniert aus diesem jährlich 3—4000 t Rohkupfer.

In den letzten Jahren hat auch die Norddeutsche Affinerie in Hamburg als Kupferhütte größere Bedeutung gewonnen. Sie verarbeitet in ihrem neuen Werke auf der Elbinsel „Peute" hochprozentige Erze zu Zementkupfer und raffiniert dieses, sowie anderes Rohkupfer auf elektrolytischem Wege. Im Jahre 1910 war die erste Abteilung der Elektrolyse mit einer jährlichen Produktion von 2500 t fertiggestellt. Die Anlage soll jedoch auf eine Produktion von jährlich ca. 7500 t ausgebaut werden, wodurch das Werk der zweitgrößte Kupferproduzent Deutschlands werden würde. Auch die chemische Fabrik C. W. Kayser u. Co. in Oranienburg produziert Elektrolytkupfer. Sie raffiniert auf elektrolytischem Wege aus Metallschlacken und Metallgekrätz Rohkupfer; die Produktion dieses Werkes beträgt jährlich ca. 1—2000 t, meist in Form von Kathoden, die für Gußzwecke Verwendung finden. Neben diesen reinen Kupferhütten, die im Hauptbetrieb Kupfer gewinnen, gibt es noch eine ganze Reihe Metallhütten, in denen Kupfer als Nebenprodukt erzeugt wird. Nach Mitteilungen der Zeitschrift für Metallgewinnung wurden im Jahre 1910

in 4 Werken ca. 1 700 t Schwarzkupfer und
in 5 „ ca. 2 100 t Zementkupfer

als Nebenprodukt gewonnen.

Während die Kupfererzproduktion in dem letzten Jahrzehnt fast unverändert geblieben ist, zeigt die Hüttenproduktion besonders in den letzten Jahren eine nicht unbedeutende Zunahme. Es wurden produziert nach Aron Hirsch u. Sohn:

von Mansfeld:	1907	1908	1909	1910	1911	1912
	19441	17986	19016	20322	20850	20503
übrig. Hütten:	12535	12015	12163	14614	16650	22997
zusammen:	31976	30001	31181	34926	37500	43500

Vor allem sind es die Hütten, die fremde Erze verarbeiten, die eine beträchtliche Steigerung aufweisen.

Die Produktion unseres heimischen Kupferbergbaues wird nicht wesentlich erhöht werden können. Alle bedeutenden Erzlagerstätten werden schon seit dem frühesten Mittelalter abgebaut, sodaß bei den kleinen Minen eher eine Abnahme der Produktion zu erwarten sein wird, die teilweise sogar eine Stillegung der Minen fördern wird, wie das in den letzten Jahren im sächsischen Gebiet bei Freiberg der Fall war, wo neben Silber auch viel Kupfer gefunden wurde, der Abbau aber heute erschöpft ist. Die Mansfelder Gruben weisen noch ganz bedeutende Vorräte auf, doch wird auch ihre Produktion kaum eine bedeutende Steigerung erfahren können. Einer Steigerung der Produktion derjenigen Hüttenwerke, die in der Hauptsache fremde Erze verarbeiten, steht theoretisch nichts entgegen, immerhin, auch hier ist auf keine große Zunahme zu rechnen, da eine Ausdehnung der Raffinerien nur durch den Besitz eigener ausländischer Minen mit reichen Erzen gesichert werden könnte. Bei der Übermacht der großen amerikanischen Raffinerien mit ihrer Kontrolle zahlreicher Minen, sowie ihren günstigen Produktionsbedingungen würde eine erfolgreiche Konkurrenz nur mit einem ungeheuren Kapitalaufwand möglich sein.

γ) Kupferproduktion in den deutschen Kolonien.

Einen Einfluß auf die Rohkupferproduktion der Welt zu gewinnen, der nur annähernd dem enormen Konsum Deutschlands entspricht, wird in der Hauptsache nur durch Anlage deutschen Kapitals in ausländischen Kupferminen und Raffinerien und damit durch Einfluß und Kontrolle auf diese möglich sein. Vorbildlich sind darin vor allem zwei deutsche Firmen: Die Metallbank und Metallurgische Gesellschaft in Frankfurt, die in bedeutendem Maße an amerikanischen Kupfergruben und spanischen Minen beteiligt ist, und ferner die Firma Aron Hirsch u. Sohn in Halberstadt, die einen großen Einfluß in der United States Smelting, Refining & Mining Co. besitzt. Für diese Beteiligung deutschen Kapitals kommen vor allem neben andern noch nicht aufgeschlossenen Ländern unsere Kolonien in Betracht. In Deutsch-Ostafrika und Deutsch-Südwestafrika sind abbauwürdige Kupferlagerstätten zahlreich aufgefunden worden. Bis heute werden jedoch nur einige Vorkommen in Deutsch-Südwestafrika abgebaut, und zwar in erster Linie im Norden des Landes von der Otavi-Minen- und Eisenbahngesellschaft in Ovamboland. Die Kupfermine von Tsumeb, die bedeutendste, wurde 1892 von den Eingeborenen entdeckt und wird seit 1901 von der Otavi-Minen- und Eisenbahngesellschaft ausgebeutet. Ein geregelter Abbau war erst möglich, nachdem die Gesellschaft die Otavi-Bahn im Jahre 1906 von Swakopmund nach Tsumeb vollendet hatte. Diese Bahn, die zur Aufschließung und Nutzbarmachung des nördlichen Teiles der Kolonie von großer Bedeutung ist, wurde 1910 von der Regierung übernommen, jedoch noch auf 10 Jahre der Gesellschaft verpachtet. Der Abbau der Erze hat sich als nutzbringend erwiesen und mit der Vervollkommnung der Anlage wird sich eine weitere Steigerung der Produktion ergeben. Nach den erforderlichen Aufschließungsarbeiten begann seit 1906 der geregelte Abbau. Zunächst erfolgte die Gewinnung im Tagebau in der Hauptsache bei Tsumeb. Im Juni des Jahres 1907 konnten zum ersten Male Erze verschifft werden, in der Hauptsache Erze mit über 18% Cu-Gehalt. Die geringeren Erze wurden in einem in Tsumeb errichteten Hochofen verhüttet. Die Verhüttung begegnete zunächst ziemlichen Schwierigkeiten durch die hohen Kosten für Koks und die Zuschläge, sowie den hohen Kieselsäuregehalt der Schmelzerze, sodaß zunächst mit Verlust gearbeitet wurde. Vom Jahre 1908 ab nahm man auch die Fundstellen im Otavitale bei Guchab und Groß-Otavi in Abbau. Diese Vorkommen zeigen sehr reichhaltige Erze bis zu 40% Cu-Gehalt. In den letzten Jahren hat jedoch dieses Vorkommen nicht den gehegten Erwartungen entsprochen, da die Erzkörper nesterförmig auftreten und dadurch die Ergiebigkeit stark wechselt. Die weiteren Aufschließungsarbeiten werden jedoch mit großem Eifer betrieben. Im Jahre 1908/09 wurde auch die Verhüttungsanlage weiter ausgebaut, und nachdem es gelungen war, den Schmelzprozeß mit geringem Nutzen durchzuführen, wurde ein zweiter Hochofen aufgestellt, sodaß die Hütte jetzt eine Produktionsfähigkeit von 70—80 t täglich besitzt. Infolge des Mangels an Bleiglanzen sind die Werke jedoch nicht in der Lage, ihre volle Produktionsfähigkeit auszunutzen, sodaß periodisch gearbeitet werden muß. Aus den Erzen, die sich nicht zur Verschiffung eignen, stellt die Hütte Kupferstein von ca. 50% Cu und Werkblei von ca. 97% Bleigehalt her. Nur die reichhaltigen Erze über 18% Cu-Gehalt werden verschifft. Zunächst verkaufte man einzelne Sendungen an verschiedene Händler. Im Jahre 1909 wurde ein fünfjähriger Lieferungsvertrag von Erzen mit der Metallgesellschaft Frankfurt a. M. abgeschlossen. über eine Menge von jährlich bis zu 24 000 t. Weitere Mengen gingen nach Freiberg i. Sa. und der Hüttenanlage in Oker. Für diejenigen Erze, die infolge ihres Arsengehaltes und sonstiger Zusätze besondere Verhüttungsweise verlangen, fand man in Deutschland nicht günstig genug Absatz. Auf diese Erze wurde ein Abschluß mit der American Smelting & Refining Co. New York getätigt, die die Erze und den Kupferstein mit Erfolg in ihren Hütten zu Perth-Amboy verhüttet. Es ist bedauerlich, daß es bis heute noch nicht gelungen ist, diese Erze mit Erfolg in Deutschland zu verhütten und so in deutschen Kolonien gewonnene Erze dazu beitragen, die amerikanische Rohkupferproduktion zu erhöhen. Es ist jedoch zu wünschen, daß die Bestrebungen der Norddeutschen Affinerie von Erfolg gekrönt sein mögen, südwestafrikanische Erze mit Nutzen zu Elektrolytkupfer zu verarbeiten.

Über die Produktion der Minen und Hütten seit ihrem Bestehen gibt folgende Aufstellung Aufschluß:

Die Produktion an Erzen betrug:

im Tagebau		im Tiefbau				
1906/07	1907/08	1908/09	1909/10	1910/11	1911/12	1912/13
15 000 t	25 700 t	44 250 t	49 500 t	42 000 t	38 200 t	ca. 40 000 t
Hiervon wurden verschifft:						
71 811 t	16 800 t	28 400 t	33 500 t	31 600 t	29 600 t	44 550 t

Die Produktion der Hütte belief sich auf:

	1907/08	1908/09	1909/10	1910/11	1911/12	1912/13
Kupferstein ca.	1000 t	3150 t	2940 t	2220 t	1420 t	655 t
Werkblei ca.	700 t	3000 t	2232 t	2040 t	924 t	400 t.

Der Rückgang der Erzproduktion in den letzten Jahren ist teils auf den schwierigen Abbau beim Tiefbau, besonders aber auf die Arbeiterverhältnisse zurückzuführen. Auf den Werken werden im Durchschnitt 1000 Leute beschäftigt, von denen ungefähr 10% Weiße sind. Die Schwierigkeit in den Arbeiterverhältnissen besteht vor allem in dem ständigen bedeutenden Wechsel der Arbeiterschaft. Die Hauptmasse der Arbeiter besteht aus Ovamboleuten. Diese sind einerseits unerfahren und gehen andrerseits zur Regenzeit wieder auf das Land zurück. Wie bedeutend der Wechsel ist, zeigen folgende Zahlen. Im 1.—6. Monat des Berichtsjahres 1910/11 schwankte die Zahl der Arbeiter zwischen 722 und 964, ging im Dezember bis auf 416 zurück und erreichte dann wieder über 900. Das Bestreben der Verwaltung, fremde Arbeitskräfte heranzuziehen, ist bisher noch nicht von großem Erfolg gewesen. Einer Anwerbung von Arbeitern aus der Kapkolonie stellten sich die südafrikanischen Staaten entgegen, ebenso verbot das Gouvernement die Einführung chinesischer Bergarbeiter. Dagegen hat das Gouvernement die Erlaubnis zur Einführung indischer Kuli erteilt, worauf die Verwaltung in Verhandlungen mit der indischen Regierung trat, die hoffentlich zu einem günstigen Abschluß kommen werden.

Der Rückgang der Hüttenproduktion in den Jahren 1911/12 ist darauf zurückzuführen, daß infolge der höheren Kupferpreise auch ärmere Erze unter 18% Cu-Gehalt mit Nutzen verkauft werden konnten. Aus diesem Umstand erklärt sich auch die erhöhte Verschiffung 1912/13. Von den ca. 44 550 t Erzen bestehen ca. 8000 t aus alten Beständen ärmerer Erze. Trotz der Schwierigkeiten, mit denen jeder koloniale Bergbau zunächst zu kämpfen hat, hat sich die Entwicklung der Otaviminen bis jetzt nicht ungünstig gestaltet. Ob die Minen jedoch in der Lage sein werden, in der Zukunft einen entscheidenden Einfluß auf die Rohkupferversorgung Deutschlands auszuüben, hängt neben der noch unsicheren Stärke der Erzvorkommen vor allem von der glücklichen Lösung der Arbeiterfrage ab.

In den letzten Jahren sind außer dieser bedeutendsten noch eine Reihe anderer Kupfererzlagerstätten in Deutsch-

Südwestafrika entdeckt worden. Die Otavi-Minen- und Eisenbahn-Gesellschaft ist ihrerseits als Aktionär bei dem Otavi Exploring Syndikate beteiligt. Diese Gesellschaft hat die Aufschließungsarbeiten und den Abbau weiterer Kupfervorkommen im Otavitale in Angriff genommen. Auch hier handelt es sich um reiche Erze, jedoch in nesterartigem Vorkommen. Als Produzent ist die Gesellschaft noch nicht auf den Markt getreten, doch sind die Aufschlußarbeiten vielversprechend.

Ferner hat die C. Heckmann A. G. Duisburg einen maßgebenden Einfluß auf die Khan-Kupfergrube in der Nähe von Swakopmund gewonnen. Die Aufschießungsanlagen haben auch hier ein sehr gutes Resultat ergeben. Über die Qualität der Erze ist zwar noch nichts Genaues bekannt geworden, doch soll es sich um ein metasomatisches Gangvorkommen handeln *). Der Haupterzgang soll bis zu einer Tiefe von 160 m ausgerichtet sein, ferner soll eine Erzaufbereitungsanlage von 50 t täglicher Produktion in diesem Jahre (1913) in Betrieb genommen werden. Es wird geplant, jährlich für etwa $1^1/_2$ Mill. Mk. Erze zu exportieren.

Andere Kupfervorkommen werden zurzeit in unseren Kolonien noch nicht abgebaut, doch werden in Zukunft vor allem die Lagerstätten im Westen Deutsch-Ostafrikas an den Seen nach Fertigstellung der Mittellandbahn sicher in Angriff genommen werden.

So haben wir denn gesehen, daß die Steigerung unserer heimischen Produktion nur eine geringe sein, und im Vergleich zu dem stetig steigenden Konsum fast nicht ins Gewicht fallen kann, auch die Produktion an Kupfererzen und Rohkupfer in unsern Kolonien wird in den nächsten Jahren keine erhebliche Zunahme erfahren können, vor allem infolge des Mangels an guten Arbeitskräften, sodaß der deutsche Konsum auch fernerhin noch in hohem Grade von der Einfuhr fremden Materials abhängig sein wird.

*) Nach Mitteilung der Metallbörse.

B. Konsumtion von Kupfer.

1. Weltverbrauch an Kupfer.

Wie so oft im Wirtschaftsleben, decken sich auch bei dem roten Metall nicht die Stätten der größten Produktion mit den Stätten des Konsums. Der Konsum von Kupfer ist besonders in letzter Zeit immer mehr abhängig geworden von einer hochentwickelten Industrie, und so finden wir in all den Ländern einen stets steigenden Bedarf an Kupfer, deren Industrie auf einer hohen Stufe steht. Schon in frühesten Zeiten wurde Kupfer zu allerhand Waffen und Gefässen verwendet. Mit der Entwicklung der Industrie wandte sich jedoch der Hauptbedarf immer mehr und mehr diesem Zweige zu, und ungefähr seit 1890 entfallen fast $^4/_5$ des Bedarfs auf die Industrie. Seit dieser Zeit entwickelt sich in immer gesteigertem Maße die Elektrizitätsindustrie in allen ihren Zweigen, und wir hatten schon im Anfang gesehen, wie gewaltig ihr Bedarf an Kupfer ist. So ist die Elektrizität heute zum Hauptkonsumenten von Kupfer geworden. Aber auch die Schiffsbauindustrie, der Maschinenbau, Lokomotiv- und Wagenbau, der Apparatebau sowie die von der Messingindustrie benötigten großen Mengen des roten Metalls sind ganz beträchtlich.

Europa mit seiner hochentwickelten Industrie ist heute bei weitem der größte Kupferkonsument der Welt. Deutschland verdankt es vor allem seinen großen Elektrizitätswerken, daß es unter den Ländern Europas die erste Stelle einnimmt. Gerade das letzte Jahrzehnt hat in Deutschland zu einer ganz enormen Steigerung des Kupferbedarfs geführt, sodaß es seit dem Jahre 1903 England, das nach ihm folgt, übertroffen hat. Nach England folgen erst in weitem Abstande Frankreich und die andern Länder Europas.

In Amerika sind es wiederum die Vereinigten Staaten, die infolge ihrer hochentwickelten Industrie den stärksten Bedarf an Kupfer haben. Wie wesentlich der Kupferbedarf von der Industrie abhängig ist, zeigt sich vor allen Dingen hier in einem Vergleich zwischen den Verein. Staaten mit den übrigen Ländern Amerikas. Bei der gewaltigen Ausdehnung der mittel- und südamerikanischen Länder ist ein Bedarf von 3000 t sehr gering.

Für die übrigen Erdteile ist eine genaue statistische Erfassung des Bedarfs an Kupfer sehr schwierig.

In Ostasien sind es besonders Japan und China, die einen stets steigenden Bedarf an Kupfer haben. Die Länder Australiens und Afrikas verarbeiten selbst nur wenig Kupfer und beziehen die bearbeiteten Gegenstände im Import von Europa und Amerika. Auch Südamerika, China und Indien sind große Importgebiete von verarbeiteten Kupfergegenständen in Form von Blechen, Schalen, Drähten etc. Nach den Feststellungen von Aron Hirsch u. Sohn stellte sich der Verbrauch in den letzten 6 Jahren auf folgende Mengen in den einzelnen Ländern:

	1907	1908	1909	1910	1911	1912
Deutschland	160 217	187 127	194 449	216 789	234 229	253 429
England	119 582	134 492	110 648	148 187	159 736	148 877
Frankreich	70 712	80 509	85 688	92 838	106 997	106 753
Österreich-Ungarn	30 472	36 972	34 605	35 700	40 000	51 574
Rußland	18 739	21 300	21 705	28 227	31 845	38 818
Italien	31 984	29 496	25 189	23 788	30 437	34 378
Belgien-Holland	11 500	9 500	9 500	14 000	13 000	13 000
Skandinavien	10 200	9 700	9 700	7 500	7 500	7 500
Übriges Europa	2 500	2 500	3 000	2 500	2 500	2 500
Europa	455 906	511 596	494 484	569 529	626 244	656 829
Nordamerika	214 120	214 265	314 755	334 565	316 791	365 922
Übriges Amerika	2 000	2 000	2 500	3 000	3 000	3 000
China	14 000	10 000	5 000	5 000	4 500	4 000
Japan u. übriges Asien	10 000	8 000	10 000	15 000	21 000	27 000
Afrika u. Australien	2 000	2 000	2 000	2 000	2 000	1 000
Weltverbrauch	698 026	748 330	828 739	929 094	973 535	1057751

2. Der Kupferverbrauch Deutschlands.

a) Umfang.

Während der Anteil Deutschlands an der Welt-Rohkupferproduktion nur gering ist, ist sein Konsum im Vergleich zu dem Weltverbrauch ganz bedeutend. Nächst den Verein. Staaten folgt Deutschland an zweiter Stelle mit einem Anteil von 23,95% des Weltverbrauchs im Jahre 1912. Erst in den letzten zwei Jahrzehnten Hand in Hand mit der Entwicklung der Elektrizitätsindustrie hat sich der Kupferverbrauch Deutschlands so sehr gesteigert. Während im Jahre 1893 der Verbrauch sich auf 60 513 t belief, erreichte er 1900 schon 116 900 t, überflügelte 1902 endgültig den Konsum Englands und ist seitdem weiterhin stark gestiegen. In den letzten 10 Jahren wurden folgende Mengen verbraucht in Tonnen:

1902	1903	1904	1905	1906	1907	1908
108906	117615	145085	136875	163098	160217	187127

1909	1910	1911	1912
194449	220258	237977	257484

Da diesem Konsum von 257 484 t jedoch nur eine einheimische Produktion von 43 500 t gegenübersteht, so muß der größte Teil des Bedarfs durch Einfuhr gedeckt werden.

β) Rohkupfereinfuhr in Deutschland.

An erster Stelle der Länder, die Deutschland mit Rohkupfer versorgen, stehen die Verein. Staaten von Nordamerika. Während früher England der Hauptversorger Deutschlands mit Rohkupfer war, ist an seine Stelle, besonders seit Entwicklung der Elektrizitätsindustrie mit ihrem Bedarf an Elektrolytkupfer, immer mehr Amerika getreten.

Am deutlichsten zeigen das folgende Zahlen: Im Jahre 1892 wurden bei einer Gesamteinfuhr von 32 498 t von England allein 23 188 t und von Nordamerika nur 2141 t eingeführt. Schon im Jahre 1896 hatten sich die Verhältnisse ganz gewaltig geändert. England führte 7478 t und Nordamerika 42 512 t ein. Dieser Umschwung vollzog sich einerseits durch den gewaltigen Aufschwung, den die Kupferindustrie in Deutschland nahm, dem die englische Produktion nicht mehr zu folgen vermochte, und zweitens in der enormen Entwicklung der amerikanischen Raffination mit ihrer Herstellung von elektrolytischem Kupfer. England, das in der Hauptsache die beiden Marken Rio Tinto und Tharsis herstellt, gewinnt dieses Kupfer auf hüttenmännische Art, also ohne Elektrolyse. Die gesamte Elektrizitätsindustrie mußte also ihren Bedarf von Nordamerika decken. Während die Art des Kupfers für die Messing- und Kupferwerke im allgemeinen nicht so wichtig ist, so verwenden doch auch sie mit Vorliebe Elektrolytkupfer. Im letzten Jahrzehnt verteilte sich die Kupfereinfuhr in Deutschland auf folgende Länder:

Herkunftsland	1901	1902	1903	1904	1905	1906	1907	1908	1909	1910	1911	1912	Prozentualer Anteil der Herkunftsländer a. d. Einfuhr 1912
	Rohkupfer in metrischen Tonnen												
Freihafen Hamburg	1 900	1 598	1 662	1 639	1 628	—	—	—	—	—	—	—	
Großbritannien	7 653	8 536	10 390	6 274	6 968	8 916	10 558	2 305	2 033	5 150	2 162	1 349	0,67 %
Spanien	1 164	868	1 601	1 175	1 324	1 646	2 035	1 488	1 132	1 399	1 475	837	0,42 „
Ver. Staaten	42 423	60 275	64 073	98 417	90 202	108 711	103 630	146 617	143 718	159 346	171 763	177 614	88,55 „
Chile	932	886	399	620	388	—	—	—	—	—	—	148	0,07 „
Australien	948	494	826	717	350	—	3 503	2 699	5 088	8 380	8 986	10 100	5,03 „
Japan	3 158	2 493	3 131	636	—	1 458	3 190	625	280	3 178	20 20	1 954	0,97 „
übrige Länder	442	900	1 179	753	1 358	5 335	1 200	3 935	2 422	4 098	6 184	8 606	4,29 „
	58 620	76 050	83 261	110 231	102 218	126 066	124 116	157 669	154 673	181 551	191 690	200 608	100,— %

Neben einem Anteil der Verein. Staaten von 88,55% im Jahre 1912 treten die übrigen Länder natürlich sehr zurück. An zweiter Stelle steht seit einigen Jahren Australien, ihm folgen Japan und England. Die übrigen Länder sind nur von ganz geringer Bedeutung.

γ) Kupferarten.

Gleichzeitig mit der gewaltigen Steigerung des Kupferbedarfs findet auch ein Wandel im Gebrauch der Kupferarten statt. Früher wurde fast ausschließlich englisches und deutsches Raffinadkupfer verarbeitet, und wir berichteten schon, wie in jüngerer Zeit der Bedarf sich immer mehr zu Gunsten des Elektrolytkupfers verschob.

Neben dem amerikanischen Elektrolytkupfer der großen Raffinerien, das besonders in den Marken B. E. R., L. N. S., N. E. C., D. R. W. Absatz findet, wird auch das amerikanische, hüttenmännisch gewonnene Kupfer der Lakeminen viel in Deutschland verwendet. Das Lakekupfer hat infolge seines Arsengehaltes und seiner damit verbundenen größeren Festigkeit für viele Zwecke eine erhöhte Bedeutung. Besonders Hecla-Kupfer ist ein Kupfer von ganz besonderer Qualität und genießt daher fast immer einen erhöhten Preisaufschlag gegenüber den anderen Lakemarken, die oft zu leicht brüchig und durch ihre Festigkeit zu spröde sind. Hierher gehören die Marken C. R., Tamerack, Osceola, Quincy, Michigan und J. R.

Natürlich wird auch der größte Teil des in Deutschland gewonnenen Kupfers im Inland verbraucht. Bei einer Produktion von 20 503 t führte die Mansfelder Gewerkschaft im Jahre 1912 nur nach Österreich-Ungarn 2809 t aus; der Rest fand also im Inland Verwendung. Auch das Mansfelder Raffinad genießt infolge seiner erhöhten Festigkeit bei großer Geschmeidigkeit einen kleineren Preisaufschlag. Das deutsche Elektrolytkupfer, dessen Produktion jetzt annähernd 5000 t beträgt, findet ebenfalls in Deutschland in Form von Kathoden zu Gußzwecken und zu elektrolytischen Zwecken Verwendung. Bei der starken Zunahme, die die Einfuhr von Australien und Japan gewonnen hat, ist auch die Verwendung dieses Kupfers interessant.

Das Kupfer von Japan findet in der Hauptsache für Messingzwecke Verwendung. Von australischem Kupfer werden vorzüglich Wallarow für Messingzwecke und die Elektrolytmarke E. S. A. für elektrische Zwecke verwendet.

Die Formen, in denen das Kupfer zur Verarbeitung gelangt, richten sich ganz nach seinem Verwendungszweck. Die elektrische Industrie braucht vor allem Wirebars und Kathoden, die Messingindustrie Kathoden und Ingots und die Kupferwerke in der Hauptsache Platten (Cakes) und Wirebars. Rohbarren (Pigs), meist weniger reines und hochprozentiges Kupfer fließt den Kupferwerken und Vitriolfabriken zu. Dieses Kupfer in Rohbarren ist das hauptsächlichste Lagerkupfer und bildet als Standardkupfer die Grundlage für den Börsenhandel in Kupfer. Es kann nicht direkt weiter verarbeitet werden, da es ein noch nicht fertig raffiniertes Kupfer ist, oft wird es auch Schwarzkupfer genannt. Es enthält 94—99% Kupfer. Da Standardkupfer oft im Preise beträchtlich unter dem Elektrolytkupferpreise steht, lohnt es sich, dieses Kupfer zu raffinieren. Die großen Kupferwerke haben zu diesem Zwecke eigene Raffinerien, wenn auch nur kleinen Stils, in denen sie bei genügender Preisspannung das Standardkupfer zu Raffinadkupfer verschmelzen. Neben Standardkupfer werden dabei auch beträchtliche Mengen Altkupfer, Abfälle und ähnliches Material eingeschmolzen. Ein genauer Anhalt für die Menge des so gewonnenen Feinkupfers fehlt, doch kann diese Menge oft ganz beträchtlich sein. Besonders zu Zeiten hoher Kupferpreise wird das Altmaterial in verstärktem Maße angeboten, was deutlich im Jahre 1906/07 beobachtet werden konnte; auch im letzten Jahre konnte dieselbe Beobachtung infolge der erhöhten Rohkupferpreise gemacht werden. Hirsch schätzt den Gesamtverbrauch von Altkupfer, Altmessing, Rotguß etc. auf ca. 15—20% des Bedarfs an Rohkupfer.

Das von Nordamerika nach Deutschland verschiffte Kupfer wurde nach Aron Hirsch u. Sohn in folgenden Formaten eingeführt und die Mansfelder Produktion fand Verwendung:

	Amerikan. Kupfer		Mansfelder Raffinad
	1911	1912	1911
in Wirebars	88 729 t	97 494 t	1 609 t
Kathoden	40 389	32 793	—
Ingots	31 844	27 075	10 630
Platten	20 327	21 043	8 611
Rohbarren	3 246	5 566	—
	184 535 t	183 971 t	20 850 t

δ) Konsumenten.

Diese Zahlen lassen auch einen Schluß zu auf die Verteilung des Konsums der verschiedenen Industrien. Hirsch kommt dabei zu folgenden Schätzungen: Bei einem Gesamtverbrauch Deutschlands von 257 000 t im Jahre 1912 entfallen auf:

Elektrizitätswerke	119 000 t
Kupferwerke	46 000 t
Messingwerke	62 000 t
Chemische und Vitriolfabriken	3 000 t
Schiffswerften, Eisenbahnen, Gießereien, Armaturenfabriken etc.	27 000 t
	257 000 t.

Wir sehen also, daß die Elektrizitätsindustrie bei weitem den größten Verbrauch hat und fast die Hälfte des ganzen Konsums umfaßt. Sie verarbeitet das Rohkupfer in der Hauptsache zu Draht und Kabeln, aber auch für den Bau elektrischer Maschinen braucht sie große Mengen Kupfer in Form von Stangen und Blechen. Während früher die Elektrizitätsgesellschaften ihren Bedarf bei den Kupferwerken und Drahtziehereien deckten, sind sie heute alle dazu übergegangen, in eigenen modernen Werken das Kupfer für ihre Zwecke zu verarbeiten. Die Kupferwerke einer Allgem. Elektrizitäts-Gesellschaft, der Siemens-Schuckertwerke und der Bergmann A. G., sowie der Felten-Guilleaume-Lahmeyerwerke verschlingen enorme Mengen des roten Metalls. Ein einziges Werk, die A. E. G., hat in den letzten Jahren annähernd 25 000 t jährlich verarbeitet.

Den zweitgrößten Bedarf an Kupfer haben die Messingwerke. Ihre Zahl beträgt in Deutschland etwa 50. Sie stellen aus Messing in der Hauptsache Bleche, Schalen, Stangen, Röhren und Draht her. Besonders der Blechkonsum ist sehr groß und findet seinen Hauptabsatz in der Uhrenindustrie und der Industrie von Beschlägen. Bedeutend ist der Konsum der Kupferwerke, deren Zahl ungefähr 30 beträgt, auch sie fabrizieren vor allem Bleche, Schalen, Stangen, Röhren und Draht. An dünnen Blechen spielen die Bleche für die Dachdeckung eine recht beträchtliche Rolle. Der Apparatenbau für Brennereien, Brauereien, sowie chemische Fabriken hat großen Bedarf an Kupfer.

Die in obigem angeführte Zahl des Bedarfes des Schiffsbaues und der Eisenbahnen dürfte in der Hauptsache auch bei den Kupferwerken zur Verarbeitung gelangen. Während der Schiffsbau vor allem dünne Bleche braucht, fällt bei den Eisenbahnen das Kupfer für Feuerbüchsen, Stehbolzenkupfer und Kupferröhren ins Gewicht. Ein Hauptabnehmer der Kupferwerke sind auch die Geschoßfabriken, die in Zündkapseln und Führungsringen ziemlich erhebliche Mengen Kupfer, vor allem aber Messing, zur Patronenfabrikation gebrauchen.

Auch der Konsum der chemischen Industrie, hauptsächlich zur Darstellung von Kupfervitriol, ist nicht unbedeutend. Geringer ist der Bedarf der Feinkupferwarenindustrie und der Bronzefabrikation. Der Bedarf an Münzkupfer ist in Deutschland nicht von großer Bedeutung.

II. Organisation der Rohkupferversorgung.

A. Der Handel in Rohkupfer.

1. Die Händler.

Wir wir gesehen haben, hat den Hauptanteil am deutschen Kupferkonsum amerikanisches Kupfer, während früher England diese Stelle einnahm. Dementsprechend liegt auch der Kupferhandel in den Händen einiger amerikanischer, englischer und deutscher Firmen. Während für den Effektivhandel die amerikanischen Händler an erster Stelle stehen, ist für den börsenmäßigen Handel noch immer London maßgebend.

Der Verkauf der Produktion der amerikanischen elektrolytischen Großraffinerien liegt ausschließlich in den Händen einiger weniger Interessenten. Einerseits haben die mächtigen Interessentengruppen sich von den Händlern frei gemacht, indem sie selbst durch Verkaufsorganisationen die Produkte ihrer Minen und Raffinerien an die Konsumenten absetzen, andererseits haben große Händlerfirmen Einfluß und Kontrolle auf eine Reihe von Minen und Hütten zu erlangen gewußt, deren Produkte sie allein vertreiben. In beiden Fällen zeigt die Entwicklung eine Zusammenfassung wirtschaftlicher Vorgänge in einer Zentralstelle, die die Ausscheidung der Zwischenpersonen bezweckt, in ersterem Falle, indem der Produzent alle Organisationen bis zum direkten Absatz in seiner Hand vereinigt, im anderen Falle, indem der Händler selbst sich zum Produzenten entwickelt.

Im allgemeinen kann man heute 5 amerikanische Interessentengruppen unterscheiden.

Den mächtigsten Produzentenkonzern, ein Werk der Standard Oil-Leute, bilden die von der Amalgameted Co. kontrollierten Werke, deren Verkaufsorganisation die United Metal Selling Co. ist. Die United Metal Selling Co. kontrolliert nicht weniger als über 30% des gesamten Kupferkonsums, bringt sie doch jährlich etwa eine halbe Milliarde Pund (engl.) Kupfer an den Markt. Ihre Einnahmen allein durch die Führung der Verkaufs-Agentur belaufen sich auf etwa 1 Million Dollar per Jahr. Ihre bedeutendste Konkurrenz hat die United Metal S. Co. in der American Smelting & Refining Co. Dieser Trust, der auch auf dem Bleimarkte einen gewaltigen Einfluß ausübt, gewinnt immer mehr an Bedeutung. Die Gesellschaft ist ein Unternehmen der Guggenheim-Gruppe. Sie hat sich in den letzten Jahren den Vertrieb der Produktion einer Reihe neuer Kupfergesellschaften gesichert, sodaß die Konkurrenz sich noch mehr fühlbar macht. Die United Metal Selling Co. ist in Deutschland durch das Londoner Haus C. S. Henry u. Co. Limited mit seiner Zweigniederlassung in Cöln vertreten, dagegen hat die American Smelting Co. eine eigene Zweigniederlassung in Berlin, die American Smelting & Refining Co. G. m. b. H.

Die größte Händlerfirma ist Phelps, Dodge u. Co., die in Frankfurt vertreten ist. Nach ihr folgen L. Vogelstein u. Co. und die American Metal Co. Beide haben für Deutschland besondere Bedeutung, da 2 heimische Metallfirmen bei diesen Gesellschaften stark beteiligt sind und Einfluß auf sie haben. Bei L. V. u. Co. ist es die Halberstädter Firma Aron Hirsch u. Sohn, während an der A. M. Co. die Metallgesellschaft in Frankfurt in hohem Grade interessiert ist.

Nur ein Minengebiet hat sich bis heute den Vereinigungsbestrebungen und der Kontrolle durch die elektrolytischen Großraffinerien entziehen können, nämlich die Minen des Lakedistrikts in Michigan, die durch die hüttenmännische Raffination ihres Kupfers nicht auf die elektrolytischen Raffinerien angewiesen waren. Die Minen dieses Gebiets stehen unter der Führung ihres stärksten Produzenten, der Calumeth & Hecla Mining Co., Michigan. Die Gesellschaft vertreibt ihr Kupfer selbständig und besitzt für Europa einen Generalvertreter in Bonn, die Firma F. A. Böker.

Neben diesen direkten Verkaufs- und Großhandelsfirmen sind noch einige andere Händler von Bedeutung. Für englisches Kupfer spielt die Londoner Firma Henry R. Merton u. Co. eine große Rolle, sie ist ebenfalls mit der Metallgesellschaft eng liiert. Für den Vertrieb des Kupfers anderer Länder, wie Mexiko, Japan, Australien kommen vor allem auch die Metallgesellschaft und Aron Hirsch u. Sohn in Betracht, die an vielen Gesellschaften direkt beteiligt sind oder Beziehungen zu ihnen unterhalten. Außer den genannten Verkaufsstellen der Großproduzenten, sowie den Großhandelshäusern gibt es noch eine ganze Reihe kleinerer Händler, die vor allem kleinere Konsumenten versorgen. Sie decken ihrerseits ihren Bedarf fast ausschließlich bei den Großfirmen. In den letzten Jahren haben sich diese Händler besonders in Hamburg und Berlin durch Einführung des Börsenterminhandels entwickelt und sich in größerem Maße am Effektivhandel beteiligt. Das Kupfer deutscher Produzenten wird von größeren Werken direkt von den Hüttenwerken gekauft, bei kleineren Konsumenten treten auch hier die Handelsfirmen, wie die Metallgesellschaft, sowie kleinere Händler dazwischen.

Wir sehen also, daß trotz der gewaltigen Mengen, die von Nordamerika eingeführt werden, sich nur ganz wenige Firmen in den Verkauf des Rohkupfers teilen. Während die einzelnen Konzerne sich gegenseitig durch innere Streitigkeiten, Spekulationen an der Börse etc. heftig befehden, so gehen sie doch in ihrer Preisgestaltung ziemlich gleichmäßig vor und richten sich dabei nach ihrem größten Produzenten, der Amalgameted Co.

2. Die Handelstechnik.

Auch die Technik des Rohkupferhandels ist daher sehr einheitlich geregelt und zeigt nur geringe Abweichungen. Der Handel vollzieht sich im allgemeinen von Seiten der größeren Elektrizitäts-, Kupfer- und Messingwerke durch direkte Abschlüsse bei den Vertretern der verschiedenen Konzerne, zu festen Preisen. Die Abschlüsse werden in der Regel auf Grund brieflicher, telegraphischer bezw. telephonischer Offerten getätigt und kontraktlich bestätigt. Meistens handelt es sich bei diesen Käufen um Mengen von 10 t an aufwärts. Geringere Quantitäten werden von den Großproduzenten selbst nicht gehandelt, für solche Zwecke treten dann die kleineren Händler dazwischen. Die Abschlüsse gelten gewöhnlich für Lieferung ab Hütte, nur selten und in Ausnahmefällen ab eines Lagers. Der Lieferungstermin ist in der Regel der gleiche Monat oder einer der drei nächstfolgenden Monate. Anfang März würde also ein Werk für März, April, Mai und Juni kaufen können, die Ablieferung erfolgt im Laufe des betr. Monats. Auf eine nähere Zeitbestimmung lassen sich die Hütten nicht ein, sodaß sie also mit ihren Ablieferungen ziemlichen Spielraum haben, da sie jeden Tag des angegebenen Monats liefern können. Für die Lieferung in bestimmten Formaten, wie Wirebars, Platten in angegebenen Dimensionen etc., verlangen die Hütten eine Lieferzeit von 4—6 Wochen; die Gewichts- und Maßaufgabe, in der die Lieferung erfolgen soll, ist daher der Hütte bald nach dem Abschluß zu übermitteln. Über einen Zeitraum von drei Monaten hinaus schließen die Konzerne im allgemeinen keinen Vertrag zu festen Preisen ab, im Gegenteil, bei steigendem

Markte sind oft die Verkäufer sehr zurückhaltend und sind selbst über zwei Monate hinaus nicht Abgeber. Andererseits ist in solchen Zeiten der Ansturm auf die Hütten ein ganz gewaltiger, sodaß die Produktion der nächsten zwei Monate auch bereits verkauft sein kann. Dies erhellt die Schwierigkeiten, in die die Konsumenten bei starker Kupferhausse gelangen können.

Im allgemeinen versteht sich der Lieferungsmonat als Verschiffungstermin, die Lieferung erfolgt meist cif eines deutschen oder holländischen Hafens. Da die Lieferzeit nach der Spezifikation ca. 4—6 Wochen beträgt, die Überfahrt ca. 14 Tage, wozu dann noch eine weitere Verfrachtung ins Inland, entweder auf dem Wasser- oder Landwege hinzukommt, so gelangt der Käufer im günstigsten Falle, falls er prompt gekauft hat, ca. 2 Monate nach dem Kauf in den Besitz des Rohkupfers. Dies ist bei der Unsicherheit des Kupfermarktes und den starken Preisschwankungen, denen dieses Metall unterworfen ist, von großer Bedeutung und kann je nach der Konjunktur verlust- oder gewinnbringend sein.

Die Bezahlung des Kupfers erfolgt meist bei der Übergabe der Konossemente, in der Regel in bar, nur bei einigen deutschen Händlern durch Dreimonatsakzept.

Für den Verkehr mit deutschen Produzenten, insbesondere mit der Mansfelder Gewerkschaft, ist die Form des Skalavertrages nicht selten. Das Wesen eines solchen Vertrages besteht darin, daß bei einer Lieferung, die sich über einen gewissen Zeitraum in regelmäßigen Abladungen erstreckt, der Preis jeder Teillieferung sich nach einer festzusetzenden Börsennotiz richtet, zu der entweder ein Zu- oder Abschlag zu leisten ist. Die übrigen Bedingungen des Vertrages sind festgesetzt und unterliegen keiner Abänderung. Bei der Mansfelder Gewerkschaft handelte es sich z. B. um eine Lieferung von 360 t im Jahre 1911 in monatlichen Abladungen von 30 t. Als Basis gilt hier in der Regel die in dem in London erscheinenden „Mining Journal" veröffentlichte Freitagsnotiz der Londoner Börse für best selected copper, oft auch die monatliche Durchschnittsnotiz des Public Ledger. Der doppelte Bestselectedpreis gilt dann in Mark für 100 kg. Lautet die Londoner Notiz £ 63.5.6, so stellt sich nach dem Skalavertrag der Preis für Mansfelder Raffinadkupfer auf 63,27×2=126,54 Mk. pro 100 kg. Leider läßt sich der große Vorteil solcher Verträge nicht auch bei amerikanischem und anderem Kupfer ausnutzen, hier kommen derartige Verträge so gut wie nicht vor. Dies erklärt sich aus dem Mangel einer hinreichenden Börsennotiz. Da es sich in der Hauptsache um Elektrolytkupfer handelt, müßte eine Elektrolytnotiz maßgebend sein. Die Londoner Börse notiert auch Elektrolytkupfer, doch fehlt dieser Notiz in erster Linie die Bedingung einer amtlich festgesetzten Notiz. Infolgedessen unterliegt sie auch sehr dem Einfluß der Verkäufer und macht sie deshalb als Grundlage für einen unparteiischen Vertrag, in dem die Rechte des Käufers und Verkäufers in gleicher Weise gewahrt sein sollen, ungeeignet. Der eigentliche Börsenhandel erfolgt in London in sog. Standardkupfer. Diese Notiz erfüllt eher die Bedingung einer Börsennotiz, die ein Spiegelbild der zur Zeit gültigen Marktverhältnisse sein soll. Aber auch sie ist für einen solchen Vertrag ungeeignet, da der Preisunterschied zwischen Standard und Elektrolytkupfer sehr großen Schwankungen unterworfen ist. So notierte z. B. Standard im Januar 1906 in London £ 78.19.9, während Elektrolyt zu gleicher Zeit auf £ 85.5.3 stand, der Preisunterschied betrug also mehr als £ 6; drei Monate später, im April, notierte Standard £ 84.16.10 und Elektrolyt £ 85.2.—, es bestand also zwischen beiden Arten nur ein Unterschied von wenigen Schillingen. Es ist klar, daß auf einer so schwankenden Basis ein Skalavertrag für Elektrolytkupfer nicht gut möglich ist. Immerhin ist das Fehlen einer sicheren Elektrolytnotiz und damit auch der Skalaverträge in Rücksicht auf eine gesunde und gleichmäßige Entwicklung der Kupferindustrie sehr zu bedauern, zumal andererseits in der weiterverarbeitenden Industrie bei großen Draht- und Kabellieferungen und sonstigen, auf große Zeiträume sich erstreckenden Abschlüssen, diese oft in Form von Skalaverträgen getätigt werden. Im Großen und Ganzen erfolgen aber auch hier die Abschlüsse zu festen Preisen. Die Vergebung der Staatsbahnlieferungen erfolgt meist im Wege öffentlicher Submissionen zu festen Preisen; in letzter Zeit macht sich auch hier ein Streben nach Skalaverträgen bemerkbar, unter Zugrundelegung der doppelten englischen Elektrolytnotiz in Mark.

B. Der Kupfermarkt.

1. Angebot und Nachfrage.

Die geschilderten Verhältnisse, in denen Produktion, Händler und Konsumenten sich gegenüber stehen, haben naturgemäß einen großen Einfluß auf die Gestaltung des Kupfermarktes, der dadurch, im Vergleich zu anderen Warenmärkten, manche Eigenart und Besonderheit aufweist. Es ist eins der unumstrittensten und bekanntesten Gesetze der Volkswirtschaftslehre, daß für die Preisbildung einer Ware Angebot und Nachfrage ausschlaggebend sein sollen. Wie verhält es sich nun mit Angebot und Nachfrage bei dem roten Metall?

Für die Bildung des Angebots in Rohkupfer sind in erster Linie die Produktionsstätten desselben in Amerika maßgebend. Amerika mit seinen ausgedehnten Lagerstätten, dem günstigen Vorkommen seiner Erze, das deren Verhüttung erleichtert, die Reichhaltigkeit einzelner Gruben, Bevölkerungs- und Verkehrsverhältnisse und die hohe technische Ausgestaltung seiner Verhüttungs- und Raffinationsanlagen machen Amerika zum ausschlaggebenden Faktor bei der Bildung des Angebots. Neben Amerika treten ja die übrigen Produktionsstätten gewaltig zurück. Während in vielen Gegenden der Mangel an Material die Produktion verhindert, sind bei anderen Vorkommen die Produktionskosten hindernd der Ausbeutung in den Weg getreten. Auch hier ist Amerika von entscheidendem Einfluß, die größten amerikanischen Minen haben auch den Vorteil der geringsten Produktionskosten. Wie wichtig der Einfluß der Produktionskosten ist, zeigt der Umstand, daß im Beginn des Jahres 1911 infolge des niedrigen Kupferpreises, der die Produktionskosten vieler Minen nicht deckte, nicht weniger als 15 Kupfergesellschaften in Nordamerika ihre Produktion einstellen mußten, während dasselbe im vorhergehenden

Jahre bei 9 Gesellschaften der Fall gewesen war. Auch in anderen Ländern sind viele Gruben aus demselben Grunde zur Einstellung des Betriebes gezwungen worden und haben so zu einer Verminderung des Angebotes beigetragen. Andererseits führt aber eine geringe Spannung zwischen Verkaufspreis und Produktionskosten bei den großen Werken zu einer weiteren Herabsetzung der Produktionskosten, durch Verbesserung und Verbilligung der Gewinnungsmethode, Herabsetzung der Löhne und Verarbeitung nur hochprozentiger Erze, sowie Steigerung der Ausbeute. Während z. B. im Jahre 1907 die Gestehungskosten für Nordamerika 11—12 cts. bei einem Verkaufspreis von 20,004 cts betrugen, gingen sie im Jahre 1908 auf 10,5 bei 13,20 cts und im Jahre 1910 auf 9,45 cts bei 12,73 cts Verkaufspreis herab.

Ein weiterer wichtiger Faktor für die Bildung des Angebotes sind die inneren Verhältnisse der amerikanischen Kupferproduzenten. Der Umstand, daß eine einzige Produzentengruppe, nämlich die der Amalgameted Co. die Kontrolle über 35% der amerikanischen Kupferproduktion ausübt und die übrigen Gruppen oft Hand in Hand mit ihr gehen, bewirkt, daß die amerikanischen Produzenten zeitweise eine monopolistische Stellung einnehmen. Während sie im Jahre 1906/07 die Preise für Kupfer willkürlich in die Höhe trieben, indem sie in ihren Werken große Mengen Kupfer aufstapelten und dem Konsum entzogen, wurde im Jahre 1909 eine Vereinbarung über die Einschränkung der Produktion getroffen, um ein weiteres Überhandnehmen der Überproduktion zu verhindern. Im Gegensatz hierzu haben in früheren Zeiten oft die erbitterten Kämpfe der Großproduzenten untereinander mit dem scharfen Wettbewerb zu großen Produktionssteigerungen geführt.

Weniger dem willkürlichen Einfluß großer Gruppen unterworfen ist die Nachfrage, da sich hier kein monopolistischer Charakter bilden kann. Sie wird im höchsten Grade beeinflußt von den allgemeinen wirtschaftlichen Beziehungen, ja die Nachfrage nach Kupfer ist, vor allem in letzter Zeit, immer mehr zu einem Spiegelbild der Verfassung der Konjunktur geworden. Der Hauptkonsument, die Elektrizitätsindustrie, ist ja in ihrer Beschäftigung abhängig von der wirtschaftlichen Verfassung des Landes, von der Entwicklung, in der sich seine Industrie befindet. So sehen wir in Deutschland mit seiner raschen Entwicklung seiner Volkswirtschaft, ein enormes Ansteigen seines Kupferbedarfes.

a) Amerikanische Statistiken.

Das Verhältnis von Angebot und Nachfrage findet seinen Ausdruck in Statistiken. Genauere statistische Zahlen über die Kupferproduktion Amerikas sowie die vorhandenen Vorräte sind erst seit wenigen Jahren vorhanden. In früheren Jahren beruhten die veröffentlichten Angaben lediglich auf Schätzungen. Bis zum Jahre 1902 waren allerdings auch schon genaue statistische Mitteilungen über die amerikanische Produktion erfolgt, doch wurden diese in den folgenden Jahren fallen gelassen. Schließlich ermittelte dann der amtliche United States Geological Survey durch Umfrage die Höhe der Vorräte in den Lagerhäusern, und seit 1907 veranstaltete auch die Mineral-Industrie (The Engineering and Mining Journal New York) Erhebungen über den Stand der amerikanischen Kupfervorräte. Immerhin wiesen diese Erhebungen große Unterschiede auf, sodaß sie oft nur ein unzulängliches Bild von Angebot und Nachfrage darstellten. Auch die Zahlen für den Import von Kupfererzen sowie den Export von Rohkupfer werden vom Geological Survey angegeben. Im Jahre 1908 bildete sich endlich wieder die Copper Producers Association, „eine lose Vereinigung der führenden Kupferproduzenten Amerikas, zwecks genauer Angabe der Produktionsziffern für statistische Zwecke". Diese Vereinigung trägt nun dem längst erwünschten Bedürfnis Rechnung, genauere Angaben über die Kupferproduktion, den amerikanischen Konsum, die Exporte und den Stand der Vorräte zu machen. So liegen jetzt für die Verhältnisse des amerikanischen Kupfermarktes zuverlässige statistische Zahlen regelmäßig vor. Trotzdem ist von Zeit zu Zeit immer wieder ein gewisses Mißtrauen gegen die Zuverlässigkeit der amerikanischen Kupferstatistik aufgetaucht. Dies dürfte jedoch unbegründet sein. Man muß bei den Zahlen, die sich auf die Vorräte beziehen, nur in Betracht ziehen, daß sie sich nur für Kupfer verstehen, welches wirklich marktfähig ist. Auf den einzelnen Werken, insbesondere den Raffineriewerken, sind natürlich beträchtliche Posten halbfertiger Ware vorhanden. Für die Beförderung des Kupfermaterials von den Bergwerken und Schmelzhütten zu den Raffinerien und für die Dauer des Raffinierprozesses sind zusammen etwa zwei Monate anzunehmen. Infolgedessen kommt das fertige Produkt erst in 2 Monaten nach der Erzproduktion in den Zahlen der Ablieferungen zum Ausdruck. Deshalb wird man als Parallele für den Konsum, Export und Vorrat die Produktionsziffer des um zwei Monate zurückliegenden Zeitraumes in Betracht ziehen müssen, dabei sind natürlich etwaige Streiks auf den Zwischenwerken und andere Vorgänge zu berücksichtigen, die auch dieses Verhältnis stark beeinflussen können.

Jedenfalls ist das Vorhandensein einigermaßen genau statistischer Zahlen von großem Vorteil für die Beurteilung der Marktlage des Kupfers. Die Angaben über die Ermittlungen erscheinen monatlich, und zwar werden die Zahlen meist am 8.—10. des darauf folgenden Monats bekannt und stets mit großer Spannung erwartet. Für die Jahre 1911 und 1912 veröffentlichte die C. P. A. folgende Zahlen, in engl. Tonnen gerechnet.

Statistik der Copper Producers Association 1911/12.

	Produktion		Amerikan. Konsum		Fxport		Vorräte Ende des Monats	
	1911	1912	1911	1912	1911	1912	1911	1912
Januar . .	51 650	53 276	18 785	27 832	23 754	35 789	63 589	29 589
Februar . .	49 030	51 802	22 553	25 102	20 138	28 191	69 928	28 098
März . . .	58 273	56 113	29 500	30 129	26 376	26 241	72 325	27 843
April . . .	55 716	56 011	23 396	31 033	27 736	23 773	73 909	29 047
Mai . . .	56 679	56 579	28 814	32 456	27 669	31 020	74 105	22 141
Juni . . .	55 604	54 605	27 524	29 529	31 902	27 433	70 283	19 793
Juli	50 075	61 233	25 439	31 738	33 429	26 840	61 490	22 446
August . .	56 024	65 012	26 756	35 144	31 186	31 467	59 572	20 849
September .	51 601	62 540	25 585	28 331	22 689	26 904	62 899	28 155
Oktober . .	52 792	64 913	28 602	37 546	26 823	21 259	60 266	34 261
November .	49 945	60 132	30 375	30 969	29 932	54 958	49 904	38 466
Dezember .	54 865	63 997	29 459	26 112	35 374	29 337	39 936	47 014

β. Europäische Statistiken.

Über die Produktion der übrigen Länder fehlen genaue statistische Zahlen, die in kürzeren Abständen erscheinen, doch kennzeichnet sich ihre Produktion in einem gewissen Grade in dem Stand der öffentlichen Vorräte in Europa, über die genaue statistische Zahlen vorliegen. Es ist das Verdienst der Londoner Firma Henry R. Merton & Co., schon seit Jahrzehnten die Vorräte, besonders Londons und anderer englischer Lagerplätze, dem Konsum ausgewiesen zu haben. Von jeher haben die englischen Vorräte, die als Grundlage für den Londoner Börsenhandel dienten, einen großen Einfluß auf die Gestaltung des Kupfermarktes ausgeübt. Wenngleich auch die Bedeutung Englands als Zwischenhändler im Laufe der Zeiten bedeutend nachgelassen hat, so ist doch der europäische Bedarf noch in hohem Maße abhängig von den Londoner Vorräten. Die Merton'sche Statistik, die halbmonatlich erscheint, weist die Vorräte in England und Frankreich genau nach. Seit Anfang 1911 bringt sie auch Angaben über die geschätzten Vorräte in Rotterdam und Hamburg, die vor allem dem deutschen Konsum zufließen. Seit April 1912 werden die Hamburger Vorräte amtlich ermittelt, und seit Anfang 1913 sind auch die Lager in Bremen und Antwerpen berücksichtigt. Die Ausführlichkeit der Zahlen, sowie eine vergleichende Aufstellung der letzten drei Jahre ermöglicht dem Eingeweihten eine Fülle von Schlüssen auf die Verfassung des Kupfermarktes zu geben.

2. Preisbewegungen.

Im allgemeinen richtet sich die Preisbewegung des roten Metalls nach dem Verhältnis von Angebot und Nachfrage. Den europäischen Vorräten in England entsprach ein Marktpreis *):

Am 31. Dezember	1901	1902	1903	1904	1905
Lagerbestände t	22 051	16 540	13 851	16 734	129 83
Preis von Stand. Kupfer . . . £	48.15.—	52.12.6	56.17.6	68.2.6	79.10.—

*) Nach der statistischen Zusammenstellung der Metallgesellschaft.

Am 31. Dezember	1906	1907	1908	1909	1910
Lagerbestände t	16 924	19 710	55 677	109 022	83 797
Preis von Stand. Kupfer . . . £	105.5.—	62.0.—	63.15.—	61.15.—	55.17.5

Ein Vergleich der Zahlen zeigt deutlich, wenn auch nur in groben Umrissen, die Richtigkeit dieses Gesetzes. Immerhin lehrt ein Blick darauf aber auch, daß nicht allein bei der Preisbildung von Kupfer die allgemeinen Verhältnisse von Angebot und Nachfrage maßgebend sein können. So sehen wir trotz eines Ansteigens der Vorräte i. J. 1906 eine gewaltige Preissteigerung. Neben allgemeinen Konjunkturschwankungen sind schon seit frühesten Zeiten Eingriffe künstlicher Art auf die Preisgestaltung von Kupfer zu bemerken. Vor allem waren es Vereinigungen von Käufern zu monopolistischer Festsetzung der Preise, die zu Zeiten den Kupfermarkt bestimmten, meist führten diese Vereinigungen zu einer starken Steigerung der Kupferpreise. Am bekanntesten ist der durch die Tätigkeit des Secrétan-Syndikats gebildete Corner, der die Kupferpreise vom Jahr 1886 mit £ 40.1.8 im Jahre 1888 auf £ 105.0.0 Höchststand brachte. Im März 1889 folgte dann mit dem Zusammenbruch des Syndikats ein Preissturz, der im Mai 1889 mit £ 35.0.0 für Standardkupfer seinen tiefsten Stand erreichte. Seit der Mitte der 90er Jahre, seitdem Amerika der Hauptversorger der Welt mit Kupfer ist, beginnen die amerikanischen Produzenten ihre Macht durch monopolistische Vereinigungen auszunutzen. Die bedeutendsten Produzenten versuchen die Gewalt über kleinere Minen zu erlangen, indem sie die Aktienmajorität dieser Gesellschaften an sich zu bringen suchen, infolgedessen ist das Charakteristische der Zeit eine enge Verknüpfung des Kupfermarktes mit der Spekulation in Kupferaktien. Unter diesen Spekulantengruppen hat auch auf den Kupfermarkt, wie überhaupt auf das gesamte amerikanische Wirtschaftsleben, die Standard Oil-Gruppe den entschiedensten Einfluß gewonnen. Es ist dies eine Gruppe von Kapitalisten, die, von ihrer Herrschaft in der bekannten Standard Oil Co. ausgehend, heute einen sehr großen Teil des mobilen, nordamerikanischen Kapitals kontrollieren und zu ihren eigenen Interessen ausnutzen. Als erstes Ziel, das die Standard Oil-Spekulanten erreichten, muß entschieden die Gründung der Amalgamated Copper Co. angesehen werden, die in Form einer Holding Co. im Frühjahr 1899 erfolgte. Schon vorher war der Markt aber in hohem Maße durch die Effektenspekulationen, durch die Standard Oil die Aktienmajorität einer Reihe der größten nordamerikanischen Kupferminen, wie Anaconda, Boston and Montana etc. zu erlangen suchte, beeinflußt worden. Dabei begannen die Preise für Kupfer langsam zu steigen und führten zu einem raschen Anstieg, als die Aktienmajorität erlangt war. Mehr noch als durch die Kontrolle dieser Minen erlangte die Amalgamated durch ein anderes Unternehmen Einfluß auf den Kupfermarkt. Ein bekanntes Metallhaus, Lewisohn Brothers, hatte schon früher durch den Verkauf der Produktion einer Reihe von Kupferminen, wie Osceola, Tamarak und Isle Royal großen Einfluß gehabt. Zur Übernahme dieses Metallhauses wurde die United Metal Selling Co. gegründet, die ihrerseits durch Aktienspekulation den Einfluß auf Lewisohn Brothers erlangte. Durch diese Verkaufsgesellschaft hatte nun die Amalgamated einen gewaltigen Einfluß erreicht, indem sie ungefähr 40% der amerikanischen und gegen 20% der Weltproduktion kontrollierte. Neben dieser Standard Oil-Gruppe treten aber noch andere ähnliche Trusts auf. Ungefähr um dieselbe Zeit wurde durch eine Fusion von 18 großen Erzschmelzwerken und Raffinationsanlagen die American Smelting and Refining Co. gegründet. Später beteiligte sich die Gesellschaft auch durch teilweisen Aktienbesitz an Minenunternehmungen. Der größte Einfluß dieser Gruppe liegt in den Händen der Guggenheims. Andere bedeutende Produzentengruppen sind die Calumet and Hecla Mining Co. in Michigan, ferner die Firma Phelps, Dodge & Co., sowie die Stanton Paine Stanwood-Gruppe. Trotz des gewaltigen Strebens der Amalgamated, ihren Einfluß noch weiter auszudehnen, und den damit zusammenhängenden oft heftigen Kämpfen zwischen den einzelnen Produzentengruppen haben sich doch im allgemeinen die übrigen Konzerne der Preispolitik des größten Trusts angeschlossen und gehen hierin ohne eine eigentliche sichtbare Vereinigung ziemlich geschlossen vor. So können wir die Beobachtung machen, daß trotz der oft entgegenstehenden Interessen der Großproduzenten, seit 1903 der Kupfermarkt vollständig durch die Übermacht der vereinigten amerikanischen Kupferproduzenten von diesen beherrscht wird. Es gelang ihnen, für längere Zeit die Preise im Jahre 1906/07 bis auf eine unerhörte Höhe hochzutreiben, und oft haben selbst große Vorräte den Ring nicht gehindert, die Preise nach seinem Belieben heraufzusetzen. Seit dem Jahre 1902 wurden auch von den Produzenten keine Angaben mehr über Vorräte und Produktion gemacht, und die geschätzten Ziffern wurden oft im Interesse der Produzenten verschleiert. So wurden im Jahre 1906/07, trotzdem sich auf den Raffinerien ganz bedeutende Vorräte ansammelten, diese doch nicht ausgewiesen, um die Preise noch höher schrauben zu können. Wie ungesund und unberechtigt aber diese waren, bewies der im Juli 1907 beginnende Preissturz, der zu einem völligen Zusammenbruch des Kupfermarktes führte. Bei den angespannten Preisen war natürlich der Bedarf gesunken, andererseits waren in der Zeit der Hochkonjunktur bedeutende Neugründungen vorgenommen worden, die vor allem in den folgenden Jahren zu einer großen Produktionssteigerung und Anhäufung von Vorräten führten. Um ein weiteres Sinken des Kupferpreises zu verhindern, der im Mai 1908 seinen Tiefstand erreicht hatte und der bei einigen Minen schon an die Produktionskosten grenzte, gingen die Produzentengruppen wieder gemeinsam vor und erreichten im Jahre 1910 endlich eine Vereinbarung zur Produktionseinschränkung auf die Dauer von 12 Monaten. Die Preisbewegung der letzten 10 Jahre zeigt Diagramm I. Fortgesetzt gingen in den letzten Jahren Gerüchte um, die eine weitere Vereinigung der Produzenten verhießen, und tatsächlich hat auch die Amalgamated die Kontrolle über eine weitere Anzahl von Minen erlangt, auch die Produzentengruppen gingen weiter gemeinsam bei der Festsetzung der Preise vor; zu einem engen Zusammenschluß ist es dagegen nicht gekommen, teils aus wirtschaftlichen, teils aus politischen Gründen. In ihrem Jahresbericht für 1911 berichtet die Firma Brandeis, Goldschmidt & Co. in London darüber folgendes:

„Eine der interessantesten Entwicklungen des ver-„flossenen Jahres war die endgültige Aufgabe des „Planes, die großen amerikanischen Minen zu ver-„einen, sei es durch Aktienverschmelzung oder durch „ein gemeinschaftliches Verkaufskontor. Es hat sich „herausgestellt, daß ein solches Arrangement wegen „der feindseligen Haltung der amerikanischen Regie-„rung vorläufig undurchführbar ist."

Wenn es auch zu einem eigentlichen Monopol der Kupferproduzenten nicht gekommen ist, so ist doch immerhin der Ring der amerikanischen Großproduzenten, der unter Standard Oils Führung steht, diesem Ziel ziemlich nahegekommen, dem sich die Produzenten anderer Länder nicht widersetzen konnten. Wir sehen also, daß die Preisbildung durch diese monopolistische Stellung der amerikanischen Produzenten oft entgegen den Gesetzen der Volkswirtschaft beeinflußt wird. Dies zeigte sich wieder in starkem Maße in den letzten Monaten des vergangenen Jahres. Trotz eines Ansteigens der Weltvorräte, welche zeigten, daß der Bedarf hinter dem Angebot zurückblieb, und dem damit verbundenen Rückgang der Standardkupferpreise an den Börsen, die auch infolge der politischen Verhältnisse nachgaben, hielten die amerikanischen Großproduzenten von Oktober ab an dem damals gültigen Elektrolytkupferpreise von £ 81—82 p. eng. t. bis gegen Mitte Januar 1913 fest, sodaß schließlich der Börsenpreis von Standardkupfer zu dem Elektrolyt-Kupferpreis in keinem Verhältnis mehr stand. Während der normale Preisunterschied ungefähr £ 1—2 beträgt, erreichte in dieser Zeit die Marge zeitweise eine Spannung bis zu £ 10. Der Konsument ist jedoch auf die Verwendung des Elektrolytkupfers angewiesen, da das Standardkupfer nicht direkt verarbeitungsfähig ist.

Da die Übermacht der amerikanischen Bergwerks- und Hüttenproduktionen in nächster Zukunft nicht zu brechen ist, so ist auch weiter mit einer monopolistischen Festsetzung der Preise seitens der Amerikaner zu rechnen.

C. Die Weltkupferbörsen.

a) Londoner Börse.

In weiteren Kreisen ist oft die Ansicht verbreitet, daß der Abschluß und Handel in Rohkupfer an der Börse erfolge; wie wir gesehen haben, ist dies ganz und gar nicht der Fall. Der Zweck der Kupferbörsen besteht lediglich darin, wie es ja auch dem Wesen einer Warenbörse entspricht, daß die berufsmäßige Spekulation zwischen Angebot und Nachfrage tritt und preisausgleichend und gewissermaßen auch preisbildend wirkt. Den ersten Platz unter den Kupferbörsen hat von jeher die Londoner Börse eingenommen. Aus der Zeit, wo England noch ein starker Kupferproduzent war und durch Raffination von spanischen, chilenischen und mexikanischen Erzen einen maßgebenden Einfluß auf die Rohkupferversorgung Europas hatte, hat sich der Einfluß der Londoner Börse bis in unsere Tage erhalten. War doch London bis vor drei Jahren die einzige Börse Europas, an der Kupfer notiert wurde. Entsprechend den autonomen Börsen Englands überhaupt, wurde auch die „London Metal Exchange" im Jahre 1862 als eine freie Vereinigung von Londoner Händlern und Brokers (Kommissionären) in Metallen gegründet. Aus kleinen Anfängen heraus mit lokaler Bedeutung hat sich die Londoner Börse allmählich zu ihrer großen Weltbedeutung entwickelt. Nach dem Statut, das sich die Börse selbst gegeben hat, ist die Mitgliedschaft nur englischen Firmen vorbehalten, nur der Seniorinhaber der Halberstädter Firma Aron Hirsch u. Sohn, als Mitbegründer der Börse, ist als einziger Ausländer Börsenmitglied.

Die Börsenversammlungen der London Metal Exchange finden außer Sonnabends und Feiertags zweimal täglich statt, und zwar um 12 und 4 Uhr. Die Zahl der Mitglieder, die die Börse besuchen, beträgt ungefähr 100. Die Mitglieder vereinigen sich zu einem sogenannten „Ringe". Wie bei allen englischen Börsen, unterscheidet man auch hier Broker (Makler), die im Auftrage des Publikums handeln, und Jobber oder Dealer (Händler), die Geschäfte für eigene Rechnung abschließen. Der Chairman führt den Vorsitz und leitet die Versammlung. Nach der Eröffnung wird zunächst Angebot und Nachfrage festgestellt, die Dealer nennen ihre Kurse, sowohl Kauf- als auch Verkaufskurse. Je nach der Situation des Marktes erfolgen dann unter zum Teil großer Lebhaftigkeit die Abschlüsse. Umsätze von 2—3000 t täglich sind keine Seltenheit. Auf Grund der zustande gekommenen Abschlüsse erfolgt die Notierung. An die Kupferbörse schließt sich die Zinn- und Eisenbörse an. Die gesamte Verkehrstätigkeit dauert verhältnismäßig kurze Zeit.

Am 3. März 1913 notierte die Londoner Börse folgendermaßen:

First Exchange:

£ 64.10.— to £ 64.12.6 cash
„ 65.—.— to „ 64.15.— three months

Turnover 600 tons:

£ 64.10.— cash, £ 64.15.— 31st March,
„ 65.—.— and „ 65.15.— 6th April,
„ 65.—.— 21st April,
„ 64.17.6 19th May,
„ 64.17.6 11th June.

Second Exchange:

Turnover 100 tons:

£ 65.—.— three months,
„ 64.17.6 three months.

Closing £ 64.10.— cash,
„ 64.17.6 thre months.

Best selected copper: £ 70.15.— to £ 71.5.—
Electrolyt: „ 68.15.— to „ 69.5.—

Die Notierung erfolgt, dem autonomen Wesen der Börse entsprechend, nicht von einem amtlichen Makler. Die zur Festsetzung der Notierung bestimmten Makler sind vom Börsenkomitee ernannt. Die festgestellten Notierungen stellen die Preise dar, zu denen Umsätze oder Angebote stattgefunden haben; die Notiz beschränkt sich infolgedessen nicht auf einen Preis, sondern gibt Preisgrenzen an, zu denen gehandelt wurde. Wie wir sehen, wird Kupfer in London per Kasse und per 3 Monate notiert, und zwar beziehen sich die Notizen auf Standard Copper. Die Umsätze erfolgen, wie die obige Aufstellung zeigt, auf „fixe" Tage bis auf 3 Monate hinaus. Gehandelt werden Warrants der Lagerhäuser von London, Swansea und Birkenhead oder Liverpool. Die Schlußeinheiten lauten auf 25 t engl. Nach Schluß der Börsenversammlung werden auch noch im sogenannten „freien" Verkehr große Mengen umgesetzt.

Die Grundlage für das Kupfergeschäft bildet als Haupthandelsmarke das Standard Copper. Die historische Entwicklung der Londoner Börse hat zur Festlegung dieses Typs geführt. Bei der Gründung der Londoner Börse bevorschußte oder kaufte der englische Händler die sogen. Chile Bars (chilenisches Rohkupfer von 94—99% Kupfergehalt), und brachte sie nach London. Die Festsetzung der Preise geschah nun in der Weise, daß im börsenmäßigen Verkehr eine Notierung für Chile Bars festgesetzt wurde. In der Zeit um 1887/88 trat an Stelle hiervon eine Notierung G. M. B. (good merchants table brands), und seit Juli 1904 besteht die noch heute gültige Standard-Notiz. Als Standard-Kupfer, auf das sich die Notiz bezieht, gilt raffiniertes Kupfer mit einem Reingehalt von 99—99,30%. Neben diesem Kupfer können aber auch andere Marken, je nach dem Reingehalt mit Preiszu- oder -abschlägen geliefert werden. Der Londoner Kontrakt unterscheidet 4 Klassen:

Klasse A. Raffiniertes Kupfer 99—99,30 Standard Price,
„ B. „ „ 99,30—99,80 mit 10 s. Aufschlag,
„ C. „ „ über 99,80 mit 1 £ Aufschlag,
„ D. Rohkupfer von 97% Normalgehalt mit 1 £ Abschlag.

Es unterliegt keinem Zweifel, daß einerseits die Möglichkeit, Kupfer verschiedenster Qualität zu liefern (die Liste enthält ca. 100 verschiedene Marken) großen Vorteil für den Verkäufer bietet und so das Börsengeschäft, insbesondere das dreimonatliche Termingeschäft, auf einer breiten Grundlage basiert. Bei so breiter Grundlage ist natürlich ein Corner oder ein größerer Einfluß bestimmter Produzenten sehr schwer. Andererseits sind aber auch die Nachteile für den Käufer nicht zu verkennen, die darin bestehen, daß er für die Art der Lieferung absolut keine Garantie hat. Ob er nun ein Rohkupfer von 97% Gehalt oder raffiniertes Kupfer von 99% oder gar Elektrolyt mit 99,90% erhält, das ist beim Abschluß vollkommen außer Acht gelassen. Ein Kauf an der Börse zur Deckung des Bedarfs ist also ausgeschlossen. Wenn auch die meisten großen Werke mit Raffinieranlagen ausgerüstet sind, in denen sie Roh- und Standardkupfer raffinieren können, so entspricht oft, wie wir vorher sagten, die Geringfügigkeit der Differenz zwischen Standard- und Raffinadpreis bei weitem nicht den Kosten der Raffination, andererseits ist auch die Elektrizitätsindustrie durchaus auf elektrolytisches Kupfer angewiesen, sodaß für sie ein direktes Geschäft gar nicht in Betracht kommen kann. Doch auch für Deckungsgeschäfte ist die Londoner Börse nicht vorteilhaft. Bedingung für einen Deckungskauf ist das Termingeschäft. Für viele Fälle wird ja die Preisanführung auf drei Monate genügen, bei weitem jedoch nicht immer; Staatsbahnlieferungen, große Abschlüsse an Draht und Kabel erstrecken sich oft über den Zeitraum eines ganzen Jahres. Das Eingehen mehrerer Deckungskäufe hintereinander würde sich jedoch nur bei großen Preisschwankungen als nutzbringend erweisen. Der Hauptnachteil für Deutschlands Konsumenten besteht darin, daß sie infolge der engen Begrenzung der Mitgliedschaft der Londoner Börse keinen auch nur annähernd maßgebenden Einfluß auf die Börse auszuüben vermögen. Wie wenig aber oft die Preisgestaltung der wahren Sachlage des Marktes entsprochen hat, sahen wir ja schon bei der Besprechung des Kupfermarktes.

2. Die New-Yorker Kupferbörse.

Entsprechend dem stets steigenden Einfluß, den Amerika in der Rohkupferversorgung der Welt einnahm, mußte sich auch eine amerikanische Kupferbörse entwickeln, die den Weltmarkt mehr oder weniger beherrschte. Schon in den 50er Jahren des vorigen Jahrhunderts wurde Kupfer an der Börse zu New-York gehandelt und notiert, doch war die Organisation äußerst schlecht. Zu dieser Zeit kamen die amerikanischen Notierungen für Europa noch nicht sehr in Betracht, da damals nur ganz geringe Mengen Feinkupfers ausgeführt wurden und fast nur halbfertiges Material, das noch der Umschmelzung und Raffination bedurfte. Die Notierungen wichen außerdem, infolge des hohen amerikanischen Schutzzolles auf Kupfer, bis in die 90er Jahre hinein oft sehr stark von den Londoner Notierungen ab. Im Zusammenhang mit der immer gewaltiger steigenden Kupferproduktion der Vereinigten Staaten, die seit 1895 über die Hälfte des roten Metalls darstellen, begannen sich jedoch die nordamerikanischen Produzenten immer mehr von dem bisher herrschenden englischen Zwischenhandel freizumachen und sich direkt oder wenigstens durch Vermittlung einheimischer Firmen an ihre Abnehmer zu wenden. So wurde allmählich die New-Yorker Börse ausschlaggebend für die Festsetzung des Kupferpreises, und London geriet seit Mitte der 90er Jahre in immer stärkerem Maße in Abhängigkeit von den New-Yorker Notierungen. Im allgemeinen folgt es der New-Yorker Stimmung, wenn auch oft in nicht so scharfen Schwankungen.

Bis vor wenigen Jahren war die Organisation der New-Yorker Börse äußerst mangelhaft. Dies kennzeichnet vor allem eine Kritik des Gouverneurs Hughes, der bei der Untersuchung des Börsenwesens im Juli 1908 die bestehende Kupferbörse rückhaltlos verdammte und ihr das Wesen einer Börse überhaupt absprach, mit der Empfehlung, sie als öffentliche Einrichtung aufzulösen. Diese vernichtende Kritik stützte sich hauptsächlich auf die Tatsache, daß an der Metallbörse die Notierungen nicht von den abgeschlossenen Verkäufen abgeleitet wurden, sondern daß ein „Fünfer"-Ausschuß, der von der Börse gewählt wurde, die Preise vollständig willkürlich festsetzte. Die Notierungen bezogen sich zu dieser Zeit auf drei marktgängige Sorten, Lake-, Elektrolyt- und Castings-Kupfer.

Eine Beeinflussung dieser Notierungen durch die amerikanischen Produzenten war naturgemäß durch zweierlei Momente gegeben, erstens durch Einfluß auf den Fünferausschuß und zweitens durch die Preisfestsetzung für die einzelnen Marken durch die Trustgesellschaften. Hierzu kommt noch die enge Verquickung des Kupfermarktes mit der Aktienspekulation. Die hauptsächlich durch die Standard Oil-Leute hervorgerufenen Unternehmungen der Amalgamated Copper Co. haben einen gewaltigen Einfluß auf die Preisgestaltung ausgeübt, und die Kämpfe, die die einzelnen Konzerne untereinander ausfochten, sind meistens durch Manipulationen auf dem Aktienmarkte und zu gleicher Zeit auf dem Rohkupfermarkte geführt worden. Solchen Machenschaften gegenüber war natürlich der Deutsche und Europäer vollkommen machtlos, und die im Jahre 1910 durchgeführte Börsenreform ist daher mit großer Freude zu begrüßen, da sie doch in etwas die bestehenden Mißstände beseitigt. Die Verfassung der Börse ist auch heute noch vollkommen autonom, die Organisation ist im allgemeinen der der Londoner Metallbörse nachgebildet, insbesondere die Kontrollbestimmungen. Die Grundlage für die Notierungen bilden heute die getätigten Abschlüsse, sowie vorhandenes Angebot von Waren, und zwar lauten die Notierungen in cts. auf 1 engl. Pfund (0,4536 kg); sie erfolgen durch dazu bestellte Makler. Auch hier wird, wie im ganzen amerikanischen Börsengeschäft, nur gegen Kassalieferung gehandelt, und zwar Warrants New-Yorker Lagerhäuser.

Die Notiz bezieht sich nach der Reform, entsprechend dem Londoner Kontrakt, auf Standardkupfer. Auch der New-Yorker Schlußschein unterscheidet 4 Klassen von Kupfer:

A. Garkupfer von 99—99,30% Kupfergehalt, Standard Type.
B. „ „ 99,30—99,80% „ mit Zuschlag von 1/10 cts. das Pfund über Standardpreis.

C. „ „ mindestens 99,8 % mit einem Zuschlag von $^{1}/_{4}$ cts. über Standardpreis.

D. Rohkupfer, auch Schwarzkupfer und Matte von 95—99 % Kupfergehalt, das für Standard geliefert werden kann, mit einem Abzuge von $^{3}/_{8}$ cts. das Pfund.

Bei Ausführung von Abschlüssen kann der Verkäufer in irgend einer der 4 Sorten liefern unter Beobachtung des Zuschlages für bessere und des Abzuges für minderwertige Sorten. Kupfer von weniger als 95 % Reingehalt ist nicht lieferungsfähig, und für Metall, das nur 95—97 % Cu enthält, sind abgestufte Abzüge vorgeschrieben. Neben dieser Standardnotiz besteht auch eine Notierung für Elektrolytkupfer und Lake-Kupfer. Zu irgendwelchen Transaktionen an der New-Yorker Kupferbörse ist der deutsche Konsument nicht in der Lage. Auch nach der Börsenreform ist die Notierung der New-Yorker Börse nicht geeignet, als Grundlage für Skalaabschlüsse zu dienen, da die enge Verquickung des Aktienmarktes der Kupfergesellschaften mit dem Standardmarkt auch jetzt noch oft Veranlassung für wildeste Spekulationen in Standardkupfer gibt. Immerhin wird der deutsche Konsument nie die New-Yorker Notierungen entbehren können, da er aus ihnen, trotz aller Mängel, doch oft sichere Schlüsse auf die zukünftige Gestaltung des Kupfermarktes wird ziehen können, spiegelt sich doch in diesem Hauptspekulationsobjekt deutlich die gesamte Wirtschaftslage und Verfassung der Verein. Staaten wider, und gerade das Wirtschaftsleben der Union ist für die Entwicklung der Preisgestaltung des roten Metalls, als dessen größter Produzent wie Konsument Amerika ja erscheint, von ausschlaggebender Bedeutung.

II. Teil.

Die Entwicklung der deutschen Kupferbörsen.

I. Entwicklungsgeschichte.

A. Gründe der Errichtung.

Infolge der geschilderten Verhältnisse ist der deutsche Kupferkonsument nicht allein in seinem Bezuge von Rohkupfer auf die amerikanischen Produzenten angewiesen, sondern auch von einer seinem Konsum entsprechenden Mitwirkung bei der Preisbildung vollkommen ausgeschlossen. Meist ist der Konsument nicht im Klaren, welche Preisgestaltung Kupfer in nächster Zeit einschlagen wird, da ihm ein Einblick in die amerikanischen Verhältnisse unmöglich ist. Außerdem ergeben sich infolge der engen Verknüpfung des Kupfermarktes mit der Aktienspekulation häufig nicht unbeträchtliche Preisschwankungen in kürzester Zeit. Wie bedeutend diese sind, zeigt eine Übersicht der höchsten und niedrigsten Preise für Standardkupfer im letzten Jahrzehnt, und diese beträchtlichen Schwankungen liegen oft nur wenige Monate, ja oft nur einige Wochen auseinander.

	1900	1901	1902	1903	1904
Höchster Kurs £	79.15.—	73.12.6	57.—.—	67.10.—	68.15.—
Niedr. „ „	69.—.—	47.—.—	45.2.6	52.10.—	55.—.—

	1905	1906	1907	1908	1909
Höchster Kurs £	81.—.—	109.10—	112.—.—	66.5.—	64.16.6
Niedr. „ „	64.—.	74.—.—	54.10.—	56.2.6	54.10.—

	1910	1911	1912
Höchster Kurs £	63.—.—	64.—.—	79.15.—
Niedr. „ „	52.15.—	53.7.6	62.10.—

Die Folgen dieser Preisschwankungen sind natürlich für den Konsumenten sehr unangenehm, da zwischen dem Kauf des Kupfers und seiner Verarbeitung stets eine Spanne von mehreren Monaten liegt, in der eine bedeutende Entwertung des gekauften Kupfers und eventueller Vorräte eintreten kann, er selbst aber ist nicht in der Lage, die Preise seiner Fertigfabrikate stets nach dem veränderten Preisstand festzusetzen. Neben diesen starken Preisschwankungen und der damit oft verbundenen erheblichen Anspannung seines Kredites, kommt für den Konsumenten das niederdrückende Moment hinzu, daß der Gewinn, der infolge des künstlich gesteigerten Preises dem Produzenten zufällt, nicht seiner heimischen Volkswirtschaft zu Gute kommt, sondern die Taschen der amerikanischen Großspekulanten füllt, die mit den so erworbenen Mitteln neue Aktionen zur Erlangung noch größerer Macht in Bewegung setzen. Wir sahen, daß in der nächsten Zukunft eine Änderung der Verhältnisse nicht eintreten kann und die Konsumenten auch weiterhin von den amerikanischen Großproduzenten abhängig bleiben werden. Es lag daher im Interesse aller Kupferkonsumenten, wenigstens ein Mittel zu finden, um sich gegen Preisschwankungen zu sichern und nach Möglichkeit einen Einfluß auf die Preisgestaltung allmählich zu gewinnen. Besonders die Jahre 1906 und 1907 mit ihren enorm hohen Kupferpreisen, die willkürlich von den amerikanischen Produzenten auf diese Höhe gebracht worden waren, legten allen Beteiligten die vollkommene Ohnmacht gegenüber der amerikanischen Übermacht klar vor Augen. Diese Umstände ließen den Gedanken an die Errichtung einer deutschen Metallbörse, die schon in früheren Jahren angeregt worden war, wieder aufleben. Schon seit langem war im deutschen Metallgewerbe der Wunsch rege gewesen, sich von den Notierungen der Londoner Börse frei zu machen. Sowohl volkswirtschaftliche wie privatwirtschaftliche Interessen drängten zur Errichtung von Metallbörsen nach deutschen Rechten und Handelsgebräuchen. Bei den geschilderten Verhältnissen, in denen Produktion und Konsum sich gegenüberstehen, ist Rohkupfer zu einem Welthandelsartikel prädestiniert. Zwischen Produktion und Konsum trat daher schon frühzeitig der Handel in Rohkupfer, dessen Hauptaufgabe es war, neben Transport und Verteilung des gewonnenen Kupfers sowohl einen örtlichen wie zeitlichen Preisausgleich zu schaffen, der bei der oft unter dem Einfluß von Konjunkturschwankungen stehenden Preisbildung nötig war. Aus der Tätigkeit der englischen Kupferhändler für die Versorgung der englischen Hütten mit Chilekupfer hatte sich einst der Londoner Börsenhandel in Kupfer entwickelt, und lange Zeit haben auch die englischen Großhandelsfirmen den Kupfermarkt beherrscht. Seitdem jedoch die deutschen und amerikanischen Händler unter Umgehung Englands direkt mit einander verkehren, stellt auch die Londoner Börse nicht mehr den eigentlichen Ausdruck von Angebot und Nachfrage dar, und dementsprechend verliert auch ihre Börsennotiz an Wahrheit und Gültigkeit. Es bestand also das große Interesse nach einer Notiz für Kupfer an einer deutschen Börse, die auf breiter Grundlage basierend, mit großer Kapitalkraft eines starken Händlertums, den Ausdruck der wirklichen Verhältnisse geben sollte.

Die letzte Initiative zur Errichtung deutscher Kupferbörsen ging jedoch von den Interessen einer Reihe größerer und kleinerer Metallhändlerfirmen und Spekulanten in Hamburg und Berlin aus, die durch die Errichtung von Kupfer- bzw. Metallbörsen überhaupt eine Belebung ihres effektiven Geschäftes durch das Börsentermingeschäft in den betreffenden Metallen erhofften. Die Bestrebungen waren daher zunächst rein lokaler Natur, was sich vor allem darin zeigte, daß die Arbeiten zunächst von Seiten der Großkonsumenten wenig Beachtung und Förderung fanden. Diesem Umstand mag es auch zuzuschreiben sein, daß zu gleicher Zeit an zwei Orten Kupferbörsen errichtet wurden, was mehr oder minder doch zu einer Zersplitterung der Kräfte führen mußte.

B. Errichtung der Börsen.

a) Hamburg.

Schon in früheren Zeiten war zu verschiedenen Malen von Hamburger Kreisen die Errichtung einer Metallbörse in Hamburg ins Auge gefaßt worden, ohne jedoch zu einem nennenswerten Resultat geführt zu haben. Die Vorgänge auf dem Kupfermarkte im Jahre 1906 ließen jedoch die Frage erneut als dringend erscheinen und veranlaßten eine Reihe von Metall- und Erzhändlerfirmen, die Hamburger Handelskammer für den Plan der Errichtung einer Metallbörse zu interessieren. Im Anfang des Jahres 1907 legte die Hamburger Handelskammer eine Liste auf, in die sich am Metallhandel beteiligte Firmen, die Interesse für die Errichtung einer Börse zeigten, eintragen sollten. Es fanden ca. 70 Eintragungen statt. Eine am 7. Februar 1907 von der Handelskammer einberufene, stark besuchte Versammlung sprach sich im allgemeinen günstig für die Errichtung einer Metallbörse aus, und auch die Handelskammer erklärte, daß sie den Bestrebungen Interesse entgegen bringe. In der Versammlung wählte man einen Ausschuß, der sich mit der Angelegenheit weiter befassen sollte. Er arbeitete zunächst einen Satzungsentwurf aus für einen „Verein der am Metallhandel beteiligten Firmen in Hamburg". In einer Versammlung am 8. Mai erfolgte die Gründung des Vereins, dessen energischer Tätigkeit es gelungen ist, die Errichtung der Hamburger Metallbörse durchzuführen. Die Aufgaben, welche dem provisorischen Vorstande gestellt waren, bestanden in der Hauptsache in der Aufstellung von Geschäftsbedingungen für den Handel in Metallen. Nach eingehender Sammlung von Material über die Bestimmungen der ausländischen Börsen wurden im Jahre 1908 dementsprechende Bedingungen und Regulative für einen geplanten Börsenhandel für das deutsche Kupfer- und Zinngeschäft vorgelegt. Die Erhebung über die ausländischen Metallbörsen führten zu dem Ergebnis, daß nur die Errichtung einer Terminbörse in Frage kommen könne, da sich aus der überragenden Stellung der Londoner Börse auf dem Metallmarkte nicht geringe Schwierigkeiten in den Weg stellen würden, eine lebensfähige deutsche Metallbörse zu gründen. Die Hamburger Börse sollte vor allem dem Zweck dienen, den Metallinteressenten Gelegenheit zu Deckungsgeschäften auf Termin zu geben, „sei es, daß sie gegen Einkäufe auf spätere Monate, die sie noch nicht sofort realisieren können, auf spätere Termine verkaufen, sei es, daß sie gegen Verkäufe, die sie ganz oder teilweise in Blanco machen mußten, durch Käufe sich zu decken suchen." In seiner Generalversammlung im Juli 1908 beschloß daher der Verein auf Grund der ausgearbeiteten Schlußscheinbedingungen die Einreichung des Antrages an den Börsenvorstand auf Zulassung des Handels in Kupfer und Zinn zum Terminhandel. Der Antrag wurde im August 1908 eingereicht und fand bei dem Börsenvorstande nach Vernehmung verschiedener Sachverständiger und Interessenten Zustimmung. Gemäß § 50 des Börsengesetzes, wonach „vor der Zulassung von Waren zum Börsenterminhandel in jedem einzelnen Falle Vertreter der beteiligten Erwerbskreise gutachtlich zu hören sind und das Ergebnis dem Reichskanzler mitzuteilen ist", wurde dem Reichskanzler von dem Ergebnisse der Erhebungen Mitteilung gemacht. Im Frühjahr 1909 erfolgte die Antwort, daß von dem preußischen Handelsministerium Bedenken gegen den Antrag geltend gemacht worden seien. Diese Bedenken gingen im wesentlichen dahin, daß Kupfer und Zinn überhaupt nicht geeignete Objekte für einen Terminhandel seien, und daß ferner zunächst noch Ermittlungen darüber angestellt werden müßten, ob nicht die Errichtung eines Terminmarktes in Hamburg in diesen Metallen gewisse Nachteile für die deutschen Kupferinteressenten mit sich bringen könnten. In einem Gutachten an den Börsenvorstand widerlegte im Mai 1909 der Vorstand des Vereins eingehend die vom Reichskanzler mitgeteilten Bedenken. Während eine Entscheidung noch ausstand, begann vom 2. Januar 1910 ab unter einem kleinen Kreis von Metallhändlern sich ein handelsrechtliches Lieferungsgeschäft in Kupfer zu entwickeln, dem sich in rasch steigendem Maße das Interesse immer weiterer Kreise zugewendet hat. Die Geschäfte fanden statt auf Grund der vom Verein entworfenen und genehmigten Bedingungen für Geschäfte in Kupfer. Von erheblicher Bedeutung für die Entwicklung des Geschäftes war der Umstand, daß seit Ende Februar 1910 die Maklerbank in Hamburg den Hamburger Firmen auf Grund eines vom Verein ausgearbeiteten Regulativs die Erfüllung der von einem Makler vermittelten, durch die Bank verbuchten Geschäfte garantierte. Im Oktober 1910 ging der Handelskammer ein Schreiben des Reichskanzlers zu, in welchem nochmals verschiedene Bedenken gegen die Zulassung des Terminhandels geltend gemacht wurden. Bei diesen wiederholten Einwendungen zeigte sich wiederum die ablehnende Haltung der hohen Regierungskreise gegen den Warenterminhandel, auch erschwerte die Rivalität zwischen den Hamburger und Berliner Bestrebungen eine Entscheidung seitens des Reichskanzlers. Im Januar 1911 erfolgte jedoch endlich die nach § 51 des Börsengesetzes erforderliche Erklärung, daß der Reichskanzler „zu weitern Ermittlungen keinen Anlaß finde". Demzufolge beschloß der Börsenvorstand die Einführung des offiziellen Terminhandels für den 1. April 1911. Der Senat Hamburgs erließ am 22. Februar 1911 eine Bekanntmachung der Börsenordnung, laut der eine Abteilung des Börsenvorstandes für Metalle geschaffen wurde, die aus 6 Mitgliedern besteht. Die zur Durchführung des Lieferungsgeschäftes in Kupfer schon vorher getroffenen Einrichtungen wurden nunmehr einer erneuten Durchsicht auf Grund der gesammelten Erfahrungen unterzogen, was zu einer Reihe von Änderungen und Ergänzungen führte, die mit dem 1. April 1911 in Kraft traten. Seit dem 1. April 1911 stellt sich also der Handel an der Hamburger Kupferbörse als offizieller Terminhandel dar. Es waren also nach zweieinhalbjähriger Tätigkeit die Bestrebungen des Vereins der an dem Metallhandel beteiligten Firmen von Erfolg gekrönt, und es war die erste Etappe erreicht auf dem Wege zu dem Ziele, dem deutschen Metall-, insbesondere Kupferhandel eine selbständige starke Metallbörse zu schaffen, die der Bedeutung gerecht wird, welche Deutschland auf dem Metallmarkte der Welt besitzt.

b) Berlin.

Zu derselben Zeit, zu welcher die erhebliche Zunahme des Hamburger Geschäftes bekannt wurde, und die auf die Zulassung von Kupfer zum Terminhandel gerichteten Bestrebungen sich ihrer Verwirklichung näherten, kamen auch die Berliner Bestrebungen, die fast gleichzeitig mit den Hamburger eingesetzt hatten, wieder von neuem in stärkeren Fluß. Auch hier waren den Arbeiten der letzten Jahre schon wiederholt Versuche zur Errichtung einer deutschen Metallbörse vorausgegangen, die sich zunächst allerdings auf einen Börsenhandel in Zink erstreckten. Die ersten Anfänge der Bestrebung zur Errichtung einer deutschen Metallbörse in Berlin gingen im Jahre 1870 von den oberschlesischen Zinkproduzenten aus, die im Januar dieses Jahres bei den Ältesten der Kaufmannschaft von Berlin eine Börse für Rohzink beantragten. Sowohl diese Bestrebungen, wie diejenigen bei der Gründung einer allgemeinen Warenbörse in Berlin im Jahre 1881 führten zu keinem Metallhandel an der Börse. Schließlich wurde im Jahre 1903 bei den Verhandlungen über ein internationales Zinkkartell die Errichtung einer deutschen Zinkbörse besprochen, die jedoch keinen Anklang fand. Während bisher die Zinkinteressenten die Hauptrolle spielten, setzten seit 1905 Bestrebungen ein, die sich zunächst an den Handel in Kupfer knüpften und zu der Errichtung einer deutschen Kupferbörse führen sollten. Geplant waren zunächst zwanglose Zusammenkünfte und Besprechung der Interessenten, die sich dann zu einer allgemeinen Metallbörse auswachsen sollten. Auch diese Versuche führten zu keinem Erfolg, ließen aber die einmal aufgeworfene Frage nicht wieder verstummen. Von Erfolg begleitet waren die Bemühungen erst, nachdem sich Ende des Jahres 1906 die Ältesten der Kaufmannschaft von Berlin der Angelegenheit annahmen. Zunächst erfolgte die Einsetzung einer „ständigen Deputation der Metallinteressenten". Im Anfang des Jahres 1907 stellte die Direktion der Discontogesellschaft im Auftrage einer Reihe von Zinkhütten und Händlerfirmen beim Berliner Börsenvorstande den Antrag auf Einführung einer offiziellen Börsennotiz für Zink. Die Ältesten der Kaufmannschaft von Berlin pflichteten diesem Antrage bei, jedoch sollte zunächst die Frage der Errichtung einer allgemeinen Metallbörse in Berlin erörtert werden. Mit einer Umfrage bei Produzenten und Konsumenten für die Zweckmäßigkeit einer Metallbörse wurde am 5. Februar 1907 eine Subkommission beauftragt. Auf Grund eingehender Beratungen und Erhebungen wurde eine Denkschrift verfaßt, welche die Grundlagen und die Organisation des Kupfermarktes behandelte und besonders durch die Schilderung der Vorgänge auf dem Kupfermarkte, speziell der Londoner Börse, die Zweckmäßigkeit einer Metallbörse in Deutschland darlegte. Neben der Korporation der Ältesten beschäftigte sich auch die Handelskammer zu Berlin mit der Frage der Errichtung einer Metallbörse. Die Kammer holte zunächst die Ansicht ihres Fachausschusses für die Metallindustrie ein, dessen Voten sie veranlaßte, ihre dem Börsenvorstande, Abteilung Produktenbörse, angehörenden Mitglieder zu ersuchen, für die Schaffung einer Metallbörse zunächst in Zink einzutreten. Im Gegensatz zu den Hamburger Bestrebungen war auch jetzt in Berlin hauptsächlich die Errichtung einer Zinkbörse zunächst ins Auge gefaßt. Im Jahre 1908 wurden in den Vorarbeiten keine bemerkbaren Fortschritte erzielt, da vor allem die geplante Bildung eines Zinksyndikats die auf eine Zinkbörse gesetzten Hoffnungen herabstimmen mußte, auch waren in weiten Kreisen der Interessenten die Ansichten über den Umfang der Börse vielfach ungeklärt und auseinandergehend. Etwas mehr kamen die Arbeiten in Fluß, als die Hamburger Bestrebungen zu einem Erfolg führten. Die letzte Durchführung des Berliner Projektes ist vor allem dem 1909 gegründeten „Verein der Metallgroßhändler Berlin" und den Ältesten der Kaufmannschaft zu verdanken. Seit Ende 1909 begann oben genannter Verein regelmäßige Zusammenkünfte seiner Mitglieder zu veranstalten, bei denen auch bereits Geschäfte zum Abschlusse kamen. Um die Versammlung an die Börse zu verlegen, wurde von den Ältesten im Oktober 1910 ein Raum der Börse zur Verfügung gestellt, wogegen der Börsenvorstand keine Bedenken trug. So fanden vom 3. Januar 1911 ab zweimal wöchentlich Zusammenkünfte der Metallinteressenten statt. Diese Versammlungen stellten sich zunächst nur als zwanglose Besprechungen über die Marktverhältnisse dar und waren von Metallhändlern, Vertretern von Großkonsumenten und Produzenten, sowie Bankinstituten besucht. Zu bedeutenden Umsätzen ist es in erster Zeit noch nicht gekommen, immerhin machte sich das Interesse für einen Terminhandel, speziell in Kupfer, stark bemerkbar. Anfang Februar wurde dem Börsenvorstande eine Reihe von Schlußscheinentwürfen vorgelegt, von denen besonders der vom Verein der Metallgroßhändler ausgearbeitete, der sich vor allem an den Londoner und Hamburger Kontrakt anlehnte, Anklang fand. Dieser wurde mit geringen Abänderungen von dem Börsenvorstande in der Sitzung vom 10. April 1911 genehmigt. Der Börsenvorstand beschloß, „sobald sich ein Handel nach diesem Schlußscheine an der Berliner Börse entwickeln würde, gegen die Geschäfte vorläufig Einwendungen nicht erheben zu wollen". Die Interessenten beschlossen nunmehr, praktisch den Terminhandel zu beginnen. Da sich nach § 51 des Börsengesetzes der Börsenterminhandel ohne aktive Beihülfe des Börsenvorstandes vollzog, war es notwendig, eine Stelle zu schaffen, welche die im Schlußscheinentwurf dem Börsenvorstand übertragenen Funktionen ausführte. Infolgedessen wurde im Mai 1911 der „Verein der Interessenten der Metallbörse in Berlin" gegründet, dessen Vorstand die Leitung der Börsengeschäfte übernahm. Am 6. Juni 1911 fand zum ersten Male der Kupferterminhandel auf Grund des Berliner Schlußscheines statt und hat sich seit dieser Zeit weiter entwickelt. Auch hier stellte sich der Terminhandel im ersten Jahre des Bestehens der Börse nur als ein geduldeter dar. Im März 1912 hat der Börsenvorstand Vertreter der beteiligten Erwerbskreise gutachtlich über die Nützlichkeit einer Berliner Metallbörse gehört, um dem Reichskanzler darüber Mitteilung zu machen. In der zweiten Hälfte des Monats Mai 1912 hat der Reichskanzler der Berliner Handelskammer als Börsenaufsichtsbehörde mitgeteilt, daß er „zu weitern Erhebungen wegen des Zeithandels am Berliner Kupfermarkt keinen Anlaß habe". Die Einführung des offiziellen Terminhandels erfolgte am 1. Juli 1912. Damit hatte auch die Errichtung der Berliner Kupferbörse vorläufig ihren Abschluß gefunden.

II. Organisation der Börsen.

1. Börsenvorstand.

Die Ausgestaltung der Organisation der deutschen Kupferbörsen lag in den Händen der genannten Börsenvereine, dem „Verein der am Metallhandel beteiligten Firmen zu Hamburg", sowie dem „Verein der Metallinteressenten der Metallbörse in Berlin". Da vor der offiziellen Zulassung zum Börsenhandel der Börsenverkehr nicht einer Abteilung der bestehenden Hamburger und Berliner Börsen unterstellt war, waren die Vorstände der Vereine zu gleicher Zeit auch Vorstände der Metallbörsen. Die Hauptaufgabe dieser Börsenvorstände war zunächst die Schaffung der Geschäftsbedingungen für den Börsenterminhandel. In Hamburg ist seit der Einführung des offiziellen Terminhandels die Kupferbörse eine selbständige Abteilung der Hamburger Börse geworden. Da die unmittelbare Aufsicht über die Hamburger Börse laut Börsenordnung vom Jahre 1897 der dortigen Handelskammer übertragen ist, so erfolgt auch die Ernennung der Börsenvorstandsmitglieder durch die Handelskammer. Die Wahl zum Börsenvorstand fiel auf sechs Mitglieder des Vereins der am Metallhandel beteiligten Firmen, die schon vorher die Geschäfte geführt hatten.

Die Berliner Kupferbörse ist als eine besondere Abteilung der Berliner Börse neben die Fonds- und Produktenbörse getreten und hat ihrerseits einen selbständigen Börsenvorstand erhalten. Dieser besteht aus 7 Vertretern, von denen 5 durch die Mitglieder der Metallbörse und 2 durch die Handelskammer gewählt werden. Die Aufgabe des Börsenvorstandes besteht in der Hauptsache in der Leitung des Börsenverkehrs und der Aufsicht über ihn. Ebenso liegt ihm die Bestimmung der Börsenzeit, sowie des Ortes, wo der Börsenverkehr stattfinden soll, ob. Bei der Überwachung des Börsenverkehrs ist es seine Aufgabe, Börsenbesucher, die nach der Börsenordnung, sowie nach dem Börsengesetz am Börsenverkehr nicht teilnehmen dürfen, vom Besuche auszuschließen. Zur Aufrechterhaltung der Ordnung bedient sich dabei der Börsenvorstand dazu geeigneter Personen. Die weitaus wichtigste Aufgabe ist jedoch die amtliche Feststellung der Preise. Mit der offiziellen Festsetzung der Preise ist ein Mitglied des Börsenvorstandes speziell betraut. Sie erfolgt auf Grund der während des Börsenverkehrs getätigten Abschlüsse. Nach erfolgter Preisfeststellung hat der Börsenvorstand durch Anschlag in den

Börsenräumen und durch Ausgabe gedruckter Preislisten oder Veröffentlichungen in Zeitungen die Preisnotizen bekannt zu machen. Zur Mitwirkung bei der Feststellung der Preise kann sich der Börsenvorstand Hilfspersonen bestellen. Zu diesem Zwecke haben die Börsenvorstände eine Reihe von Maklern ernannt, die den Börsenvorstand bei der Feststellung der Preise unterstützen. Diese Makler sind jedoch nicht „vereidigte Kursmakler", wie wir sie sonst im Börsenverkehr der Berliner Börse finden, sondern es sind amtlich bestellte Agenten, die die Geschäfte vermitteln, und nur die durch sie vermittelten Abschlüsse haben einen Anspruch auf Berücksichtigung bei der Preisfeststellung. Da das Fehlen von Kursmaklern im Gegensatz zum Börsengesetz steht, suchte der Verein einen Bundesratsbeschluß als Ergänzung zum Börsengesetz nach, der folgendermaßen lautet:

„Es wird gemäß § 35 des Börsengesetzes zugelassen, daß zur Mitwirkung bei der amtlichen Festsetzung des Börsenpreises von Waren an der Berliner Metallbörse Kursmakler im Sinne des § 30 B. G. nicht ernannt, vielmehr nach näheren, von der Handelskammer zu Berlin zu erlassenden Vorschriften Agenten bestellt werden, mit der Maßgabe, daß bei der Feststellung des Börsenpreises nur die von diesen vermittelten Geschäfte zu berücksichtigen sind."

2. Ort und Zeit.

Der Börsenverkehr der Hamburger Metallbörse findet statt im Saale „A" des Abonnenteninstituts der Hamburger Börse. Während im Anfang des Bestehens der Metallbörse nur eine Notiz täglich stattfand, und zwar nachmittags 2 Uhr 30 Minuten, machte sich im Laufe des Jahres 1911 das Bedürfnis geltend, neben dieser Nachmittags- noch eine Frühnotiz um 11 Uhr einzuführen, sodaß seit dem 1. Juni 1911 zweimal täglich offizielle Preisfeststellungen stattfinden. Die Versammlungen der Berliner Metallbörse finden im Produktensaale der Berliner Börse statt, und zwar um 1 Uhr mittags. Eine Preisnotiz wird an beiden Börsen werktäglich außer Sonnabends offiziell festgestellt.

3. Teilnehmer am Börsenverkehr.

Die Teilnehmerschaft an dem Börsenverkehr ist beschränkt auf die Mitglieder der betreffenden Börsenvereine. Während wir diese Beschränkung auf die Vereinsmitglieder in verschiedenen Warenmärkten der Hamburger Börse schon früher hatten, ist diese Organisation an der Berliner Börse neu. Die Mitglieder sind in der Hauptsache Metallhändlerfirmen, Bankhäuser, Vertreter von Kupferproduzenten und Konsumenten, sowie eine Reihe von Maklern. Die Makler sind vom Börsenvorstand als Makler genehmigte Vereinsmitglieder. Die Hamburger Kupfermakler müssen sich verpflichten, „Termingeschäfte in Kupfer lediglich zwischen in Hamburg und Umgebung ansässigen Firmen zu vermitteln und alle an sie von auswärts herantretenden Aufträge zur Ausführung von Termingeschäften auf Grund der Hamburger Schlußscheinbedingungen einem in Hamburg ansässigen Kommissionshause zur Ausführung vorzuschlagen". Im Falle der Zuwiderhandlung unterliegen sie einer Konventionalstrafe von 1000 Mark. Diese Einschränkung ist den Berliner Kupfermaklern nicht auferlegt, sie können also auch für auswärtige Kontrahenten Termingeschäfte vermitteln.

4. Maklerbank und Commerz- und Discontobank.

Zur Erleichterung sowie Garantie der Erfüllung der Termingeschäfte hat sich an beiden Plätzen eine Bank bereit gefunden, die nach Art der Liquidationskassen die Abrechnung und Lieferung für die an den Orten ansässigen Kontrahenten besorgt. Diese Aufgabe hat für die Hamburger Kupferbörse die Maklerbank Hamburg, für die Berliner Kupferbörse die Commerz- und Discontobank Berlin übernommen.

5. Das Schiedsgericht.

Für eventuelle Rechtsstreitigkeiten, die aus einem Vertrage auf Grund der Hamburger und Berliner Schlußscheinbedingungen entstehen können, haben die Vorstände der

Metallvereine Regulative für Schiedsgerichte geschaffen. Das Schiedsgericht besteht in beiden Fällen aus drei Schiedsrichtern, die in jedem einzelnen Falle von dem Vorsitzenden des Vereins ernannt werden. Die Schiedsgerichte haben bisher nur in einigen unbedeutenden Fällen zusammenzutreten brauchen, sicher ein Zeichen, in welch geordneten Bahnen sich der Verkehr an den deutschen Metallbörsen vollzieht.

III. Die Börsengeschäfte in Kupfer.

A. Grundlagen der Geschäfte.

a) Die Schlußscheine.

Bei den Vorarbeiten zur Errichtung sowohl der Hamburger wie der Berliner Kupferbörse kam man zu der Überzeugung, daß nur ein auf breiter Basis aufgebauter Terminhandel den Zweck der Börse werde erfüllen können, da die Börse vor allem dem Konsumenten Gelegenheit geben sollte, sich gegen Preisschwankungen durch Deckungsgeschäfte auf Termin zu sichern, und im Laufe der Zeiten nach Erstarkung der Börsen durch Arbitrageverkehr Einfluß auf die Preisgestaltung zu gewinnen. Das Wesen der Termingeschäfte besteht aber darin, daß der größte Teil der dem Geschäfte zugrunde liegenden Kaufbedingungen durch den Börsengebrauch festgelegt ist, so daß Käufer und Verkäufer nur über einzelne Punkte des Vertrages Vereinbarungen treffen können. Durch den Börsengebrauch festgelegt sind vor allen Dingen die Qualität der Ware, ferner die Mengeneinheit, Erfüllungs- und Zahlungsbedingungen. Nur der Preis, sowie die Auswahl der einzelnen Termine unterliegt der Vereinbarung der Parteien. Die dem Terminhandel in Kupfer an der Hamburger und Berliner Börse zugrunde liegenden Usancen sind in den „Schlußscheinbedingungen für Geschäfte in Kupfer an der Hamburger Börse" und in den „Bedingungen für Zeitgeschäfte in Kupfer an der Börse in Berlin" festgelegt. Die Bedingungen beider Börsen stimmen in allen wesentlichen Punkten überein, sodaß wir sie zusammen besprechen können. Gegenstand des Vertrages ist laut den Schlußscheinbedingungen: „Kupfer in guter handelsüblicher Beschaffenheit, lieferbar von einem von den Vorständen anerkannten Lagerhause in Hamburg, Berlin, Bremen, London, Swansea, Birkenhead oder Liverpool." Da ein lebhafter Terminhandel sich nur entwickeln kann, wenn ihm als breite Basis ein großes Angebot und ausgedehnte Lager in dieser Ware zur Verfügung stehen, so war es zweckmäßig, bei dem Fehlen großer Lagerbestände von Kupfer in Deutschland die Lieferung auch von englischen Lagerhäusern zu ermöglichen, wodurch sich auch ein lebhafter Arbitrageverkehr zwischen London und den deutschen Börsen entwickeln konnte. Infolge dessen mußten die deutschen Schlußscheinbedingungen denen des Londoner Kontraktes nachgebildet werden. Wie bei diesem gilt auch bei den deutschen Kontrakten als Basis der Termingeschäfte das Standardkupfer, Kupfer von mindestens 99% Reingehalt. Um aber nicht den Handel auf eine geringe Anzahl von Marken, die diesem Reingehalt entsprechen, zu beschränken, wodurch es für die Produzenten-Gruppen dieser Marken ein leichtes wäre, den Preis willkürlich zu beeinflussen, dürfen auch andere Marken mit höherem oder geringerem Reingehalt geliefert werden. Die für den Börsenhandel in Betracht kommenden Kupfermarken haben die Börsenvorstände in Bekanntmachungen je nach ihrem Reingehalt in Gruppen geteilt. Die im Handel bekannten hochraffinierten Marken, sowohl hüttenmännischer wie elektrolytischer Raffination, sind in ihrer Qualität bei dem hohen Stande der Hüttentechnik so gleichmäßig, daß diese „ohne Certificate über den Reingehalt und ohne Beurkundung eines Sachverständigen über seine Qualität" geliefert werden können. Über diese Marken haben die Vorstände eine Liste I aufgestellt, die wiederum in drei Untergruppen zerfällt. Die Gruppe A enthält Elektrolytsorten und raffinierte Sorten mit einem Reingehalt von 99,80% und darüber. Liefert der Verkäufer diese Marken, so erhält er vom Käufer ein Aufgeld von 2 Mk. per 100 kg. Gruppe B enthält Kupfermarken mit einem Reingehalt von 99,30 bis 99,80%, die mit einem Aufgeld von 1 Mk. pro

100 kg über Standardpreis lieferbar sind. Die Marken der Gruppe C sind ohne Aufschlag lieferbar, sie bilden also die Basis der Preisnotiz, ihr Reingehalt beträgt 99—99,30%. Die Liste II der Berliner Kupferbörse enthält eine Reihe von Rohkupfermarken, die noch nicht fertig raffiniert sind. Diese sind mit einer Probenahmebescheinigung und einem Certificat eines Chemikers über den Reingehalt und mit einer Bescheinigung eines Sachverständigen darüber, daß das Kupfer von guter, handelsüblicher Beschaffenheit ist, lieferbar. Dieses Kupfer muß ebenfalls mindestens 99% Reingehalt besitzen. Endlich ist an der Berliner Börse auch noch solches Rohkupfer lieferbar, welches einen Reingehalt von mindestens 94% nach elektrolytischer Probe besitzt. Dieses bedarf einer Probenahmebescheinigung und der Certificate zweier Chemiker über den Reingehalt und eine Bescheinigung eines Sachverständigen darüber, daß das Kupfer von guter, handelsüblicher Beschaffenheit ist. Die Bekanntmachungen der Hamburger Kupferbörse fassen die beiden letzten Gruppen in einer Liste zusammen. Hier müssen die Lieferungsdokumente von den Certificaten zweier bezw. dreier Chemiker und dem Gutachten eines kaufmännischen Sachverständigen begleitet sein. Das Rohkupfer unter 99% und von mindestens 94% Reingehalt ist mit einem Preisabschlag von 3 Mk. per 100 kg lieferbar. Für die Berechnung dieses Kupfers bildet die Basis 97%iges Kupfer. Bei einem Reingehalt von weniger als 97% hat der Verkäufer eine Vergütung zu gewähren. Diese wird in der Weise berechnet, daß bei einem Reingehalt von 94—96% des Gewichtes, doppelt so viele Prozente, bei einem Reingehalt von 96—97%, ebenso viele Prozente, wie zwischen dem ermittelten Reingehalt und 97% liegen, von dem tatsächlichen Gewicht der Ware bei Berechnung des Kaufpreises in Abzug gebracht werden. Angenommen, es handelte sich um die Erfüllung eines Standardkontraktes, bei dem 10 000 kg Rohkupfer mit einem Reingehalt von 95% geliefert werden, so würde sich die Abrechnung des Rohkupfers folgendermaßen gestalten:

Hamburg, den 15. August 1912.

Herren Käufer & Co.

kauften von Lieferer:

laut Standardkontrakt Nr. 565 vom 3. Februar 1912

Rohkupfer Netto 10,000 Kilos.

Lieferung: 10.000 kg netto.

Rohkupfer 95 % laut Analysen Certificat anbei.

Preis: M. 130.— per 100 kg laut Kontrakt vom 3. Febr. 1912

minus „ 3.— Abschlag für 97% Material.

Abrechnungspreis M. 127.—.

Kupfer 97%—95%=2% | Geliefertes Gewicht 10.000 kg

zu kürzen 2×2% von 10.000 kg 400.—

Abrechnungsgewicht 9,600 kg

Kilos 9,600.— M. 127.— per 100 kg

Rechnungsbetrag: M. 12,192.—.

Lager: Hamburger Lagerhaus-Gesellschaft.

Zahlung: Netto Kasse gegen Lieferschein.

Die Certificate über den Reingehalt und die Bescheinigung über die Beschaffenheit des Kupfers werden von Chemikern bzw. Sachverständigen ausgestellt, die hierzu von den Börsenvorständen bestellt sind. Die Certificate über Kupfer, welches von englischen Lagerhäusern geliefert wird, erfolgt nach den Vorschriften der Londoner Metallbörse. Bei der Lieferung steht es also ganz in der Wahl des Verkäufers, welche Art von Kupfer und von welchem Lager aus er liefern will.

Neben der Qualität ist auch die Quantität des einzelnen Schlusses durch die Schlußscheinbedingungen bestimmt. Als Schlußeinheit gilt an beiden Plätzen eine Menge von ca. 10 000 kg Kupfer. Diese ist also das Mindestquantum, welches einem Termingeschäfte zugrunde liegen kann, über 10 000 kg kann in jeder beliebigen Höhe ein Abschluß getätigt werden, sobald er ein Vielfaches von 10 000 kg beträgt.

Auch über das Gewicht der einzelnen Kupferbarren oder Platten enthalten die Bedingungen Angaben. Da natürlich eine genaue Einhaltung des Gewichtes nicht möglich ist, so werden stets die Mengen ca. des angegebenen

Gewichtes gehandelt. Der Verkäufer ist berechtigt, 2% mehr oder weniger zu liefern.

Als Termin an den deutschen Kupferbörsen gelten jeweils die 12 folgenden Monate. Im April 1913 wird also Kupfer auf ein ganzes Jahr hinaus bis März 1914 gehandelt, und zwar gilt als Termin stets der betreffende Monat, kein fixer Tag. Dies sind die bedeutendsten Unterschiede im Vergleich zur Londoner Börse, wo nur ein Terminhandel auf 3 Monate hinaus besteht und die Abschlüsse auf „fixe" Tage getätigt werden. Ich könnte in London am 3. März 1913 Kupfer auf Termin bis zum 3. Juni 1913 kaufen, jedoch würde der Abschluß auf einen bestimmten Tag, beispielsweise den 25. Mai lauten, an welchem Tage auch die Andienung erfolgen würde. Da an den deutschen Börsen nur der Monat als Lieferungstermin gilt, so hat der Verkäufer die Wahl in der Andienung zwischen dem letzten Werktag vor Beginn des Lieferungsmonats bis zum vorletzten Werktag des Lieferungsmonats, mittags 12 Uhr. Erfolgt die Andienung des Kupfers an einem englischen Lagerort, so muß sie 5 Werktage früher erfolgen.

Die Lieferung erfolgt durch die Übergabe von Lagerscheinen, sog. Warrants, die über ein Quantum von Kupfer, welches in einem Lagerhaus eingelagert ist, ausgestellt sind. Die Börsenvorstände haben in Verzeichnissen diejenigen Lagerhäuser in Berlin, Hamburg, Bremen, London, Liverpool, Birkenhead und Swansea veröffentlicht, deren Warrants geliefert werden können.

Das in den Lagerscheinen angegebene Gewicht ist der Berechnung zu Grunde zu legen. Dabei ist jedoch zu beachten, ob die Andienung von einem deutschen oder englischen Lagerhaus aus erfolgt. Während bei Lieferung aus dem Hamburger resp. Berliner Lager der Kontraktpreis maßgebend ist, ermäßigt sich dieser bei einer Lieferung aus dem Bremer Lager um 1 Mark für 100 kg, aus einem Londoner oder Liverpooler Lager um 2 Mark für 100 kg und bei Auslieferung in Swansea und Birkenhead um 2,50 Mark für 100 kg des gelieferten Gewichtes.

Über die Zahlungen bestimmen die Schlußscheine, daß die Dokumente spätestens an dem der Vorlegung folgenden

Werktage bis 12 Uhr mittags einzulösen sind und Schlußrechnungen innerhalb 5 Tagen zu begleichen sind. Ferner enthalten die Schlußscheinbedingungen noch Bestimmungen über Zwangsregulierungen bei Zahlungseinstellung einer Partei.

b) Kupferlager.

Wie wir sahen, gründet sich der Handel in Kupfer an den Börsen auf die in den Lagerhäusern eingelagerten Mengen. Für eine derartige Einlagerung kommen jedoch nur solche Lagerhäuser in Betracht, die die Berechtigung haben, indossable Lagerscheine auszustellen. In Hamburg war schon vor Beginn der Kupferbörse die Hamburger Lagerhaus-Gesellschaft befugt, indossable Lagerscheine auszugeben. In Berlin bestand zunächst noch kein derartiges Lagerhaus. Dieser Umstand erschwerte natürlich den Betrieb der Berliner Börse im Anfang nicht unerheblich, da ein eigenes Lager überhaupt nicht vorhanden war, und der Handel nur auf das Hamburger und die auswärtigen Lager angewiesen war. Durch Beschluß vom 28. März 1912 ist aber vom Minister für Handel und Gewerbe dem Lagerhaus Hafen-Tempelhof zu Tempelhof bei Berlin die Genehmigung erteilt worden, auf Grund ihrer Lagerhausordnung für Einlagerung von Kupfer indossierbare Lagerscheine auszustellen.

Im August 1912 wurde ferner auch der städtischen Lagerhalle am Humboldhafen vom preußischen Handelsminister eine Lagerhausordnung für Einlagerung von Kupfer genehmigt, sowie die Einrichtung zur Ausgabe von Lagerscheinen erteilt. Somit hat auch Berlin ein selbständiges Lager und damit eine gesicherte Grundlage für seinen Kupferterminhandel erhalten.

Bis jetzt dürfen die Warrants der Berliner Lagerhäuser noch nicht an der Hamburger Börse geliefert werden, da von Hamburger Kreisen Zweifel über die richtige Bewertung einer in Berlin vorwiegend eingelagerten Kupfermarke erhoben worden waren. Jedenfalls werden aber die diesbezüglichen Verhandlungen zu einem beiderseitig zufriedenstellenden Resultat führen und die Berliner Lagerscheine in Kürze an der Hamburger Börse zugelassen werden.

In der Höhe der eingelagerten Mengen, beziehentlich in ihrer Zu- oder Abnahme, spiegelt sich das Verhältnis von

Angebot und Nachfrage wieder, es ist daher erforderlich, die Menge der vorhandenen Vorräte durch Ausweise erkenntlich zu machen. Bei den Feststellungen der Vorräte ist eine genaue Ermittelung möglichst anzustreben, wenn sie überhaupt ihren Zweck erfüllen soll. Die amtliche Ermittelung der Hamburger Vorräte hat lange Zeit große Schwierigkeiten gemacht. Diese lagen allerdings nicht auf technischer Seite, wie dies vielfach angegeben wurde, sondern es waren die Interessen der Hamburger Kreise, die eine genaue Statistik zu verhindern suchten. Bald nach Beginn des Börsenhandels in Hamburg begannen die Vorräte in dem dortigen Lager beträchtlich zuzunehmen. Bis zum 1. April 1911 betrug nämlich der Wert des Londoner Warrants nicht 2 Mark, sondern nur 1,50 Mark weniger als der Hamburger, und da ohnehin die Hamburger Preise sich bei Beginn des Börsenhandels daselbst nicht unwesentlich über denen der Londoner Börse bewegten, so war es erklärlich, daß durch Arbitrage beträchtliche Mengen Rohkupfer nach Hamburg kamen. Diese wurden zunächst in Hamburg nicht ausgewiesen, weil man befürchtete, daß die Vorräte die Preise drücken würden, wodurch die Spekulation, auf der zunächst in bedeutendem Maße die Geschäfte beruhten, abgeschreckt worden wäre. Auf die Dauer ließ sich dies jedoch nicht durchführen, da die Unklarheit, die auf dem Kupfermarkte herrschte, dadurch nur noch vergrößert worden wäre. Man schätzte also von Beginn des Jahres 1911 ab die Hamburger Vorräte, seit dem 1. Mai 1912 werden sie amtlich festgestellt, ebenso geschieht dies mit den in Bremen eingelagerten Mengen. Die Zahlen der Vorräte werden in den Börsenräumen angeschlagen, außerdem werden auch die Hauptzahlen der europäischen, sowie der amerikanischen Statistik bekannt gemacht, sodaß die Börsen stets über den Stand der jeweiligen Weltvorräte orientiert sind.

Die Hamburger Vorräte betrugen in Tonnen

im Jahre 1911:

Ende	Januar	15 000	Mai	10 500	Sept.	11 100
	Febr.	11 000	Juni	10 100	Oktob.	10 200
	März	10 000	Juli	10 400	Novbr.	9 800
	April	9 500	August	10 800	Dezbr.	8 100

im Jahre 1912:

Ende Januar	8 200	Mai	6 252	Sept.	3 287
Februar	7 900	Juni	5 195	Oktob.	2 341
März	7 600	Juli	4 828	Novbr.	2 215
April	7 371	August	4 126	Dezbr.	2 882

Die in Berliner Lagerhäusern eingelagerten Mengen werden an der Berliner Börse auch bekannt gemacht, es sind jedoch einstweilen noch sehr unbedeutende Mengen, die keinen entscheidenden Einfluß auf eine Veränderung der Gesamtvorräte haben. Sollten aber mit der weiteren Ausdehnung des Berliner Börsenverkehrs bedeutende Mengen in dortigen Lagerhäusern eingelagert werden, so werden sicher auch hier amtliche statistische Ausweise erfolgen.

c) Börsenverkehr und Preisnotiz.

Auf Grund der oben ausgeführten Schlußscheinbedingungen erfolgen also Termingeschäfte in Kupfer an der Hamburger und Berliner Börse. Unter dem Vorsitz eines Vorstandsmitgliedes vollzieht sich der Börsenverkehr und die Feststellung der Preise ungefähr folgendermaßen:

Es werden nacheinander, sowohl für den laufenden Monat wie für die folgenden elf Monate die Kurse festgestellt. Dies geschieht, indem Käufer und Verkäufer zunächst ihre Preise nennen, die anfangs oft nicht unerheblich differieren. Durch gegenseitiges Bieten, das im allgemeinen einem Auktionsverfahren sehr ähnelt, wird je nach der Beurteilung der Marktlage durch Nachgeben nach oben oder unten Angebot und Nachfrage auf eine möglichst kurze Preisspanne zusammengerückt. Dabei wird der größte Teil der Abschlüsse getätigt. Die Zahl der Abschlüsse ist je nach der Stimmung und der Marktlage sehr verschieden. Oft geht es bei diesen Abschlüssen sehr lebhaft zu, lautes Anbieten von Ware und Preis schwirrt durcheinander, nur an den kurzen Winken und Zurufen der Makler, sowie ihren Notizen erkennt man, daß Abschlüsse gemacht sind. Eine enorme Geistesgegenwart, schnelles Erfassen der gegebenen Momente und Ausnutzung des Augenblickes ist hier erforderlich. Die Preise, zu denen Käufe zustande kommen, werden amtlich notiert, ebenso

	Hamburg 11 Uhr			2 Uhr 30			Berlin 1 Uhr		
	Brief	Geld	bezahlt	Brief	Geld	bezahlt	Brief	Geld	bezahlt
April	145.75	145.—	—	145.—	144.50	—	145.75	145.—	—
Mai	145.25	145.—	145.—	144.50	144.25	144.25	145.50	145.—	145.50
Juni	145.75	146.50	—	145.25	144.75	—	146.—	145.25	145.50/25
Juli	146.25	146.25	146.25	145.50	145.50	145.25/50	146.—	145.50	145.75
August	147.—	147.—	147.—	146.50	146.25	146.25	146.—	145.75	—
September	147.75	147.50	147.75/50	146.75	146.50	148.—/146.75	147.75	146.25	—
Oktober	148.25	148.—	—	147.50	147.25	147.25	147.—	146.75	147.—
November	148.75	148,50	148.50	148.25	148.25	—	147.75	147.25	147.50
Dezember	149.25	149.—	149.—	148.50	148.25	148.25	148.25	147.75	148.—
Januar	149.75	149.25	—	149.—	148.75	—	149.—	148.75	148.50
Februar	149.75	149.75	—	149.—	148.75	149.—	149.50	149.—	—
März	150.25	150.—	150.—	149.25	149.25	—	150.—	149.50	149.75
	Tendenz matt			schwächer			schwächer		

wird der Preis für weiteres Angebot und Gegengebot festgestellt. Zum Beispiel: Brief 145.75, Geld 145.—, bez. 145.50. Das heißt: am Schlusse des Börsenverkehrs war ein Angebot von Ware zum Preise von Mk. 145.75 per 100 Kilo vorhanden, dem ein Kaufangebot von Mk. 145.— gegenüberstand. Ferner haben Umsätze zum Preise von Mk. 145.50 stattgefunden. Die so für die einzelnen Monate festgesetzten Kurse werden an eine Tafel geschrieben. Außerdem wird auch noch die Tendenz des Marktes festgestellt. Ausdrücke wie: matt, flau, schwächer, ruhig, befestigt, fest und stramm bezeichnen ungefähr die Stimmung der Börse.

Die offiziellen Notierungen an der Hamburger und Berliner Börse am 15. April 1912 zeigt die Tabelle S. 74. Aus dieser ersehen wir, daß für einige Monate keine Umsätze erfolgten, daß sich also die Parteien nicht einigen konnten. Die Hamburger Notiz für den Septembertermin zeigt deutlich die „schwächere" Stimmung der Börse, da bei Beginn des Morgenverkehrs Umsätze zu Mk. 147.75 erfolgten und zum Schluß des Nachmittagsverkehrs nur Mk. 146.75 bezahlt wurden; ferner ist deutlich der Unterschied zwischen den Hamburger und Berliner Notierungen zu bemerken; während für einige Termine Berlin höher notiert, ist bei anderen gerade das Gegenteil der Fall.

B. Die Technik der Geschäfte.

a) Das Termingeschäft.

1. Der Abschluß.

Entsprechend den Schlußscheinbedingungen und dem Börsenverkehr ist auch die Technik der Geschäfte an beiden Plätzen sehr ähnlich, sodaß wir auch sie zusammen besprechen können.

Wie wir gesehen hatten, sind die Teilnehmer am Börsenverkehr die Mitglieder der beiden Börsenvereine. Will also ein Nichtmitglied oder ein auswärtiger Konsument oder Kapitalist Termingeschäfte in Kupfer abschließen, so muß er seine Geschäfte durch einen Kommissionär vermitteln lassen. Der Kommissionär seinerseits bedient sich in der Regel auch noch der Vermittelung des Maklers, da dann seine Geschäfte der Garantie der Makler bezw. der Commerz- und Diskontobank unterliegen, einen Teil der Geschäfte tätigen die Kommissionäre jedoch „in sich". So kommt es, daß der Hauptverkehr sich von Makler zu Makler oder zwischen Kommissionär und Makler abwickelt. Der Vertragsabschluß kommt mündlich an der Börse zustande. Die so vermittelten Käufe und Verkäufe notiert der Makler in seinem Buch, in dem er die Kontrahenten, Menge, Lieferzeit und Preis verzeichnet.

2. Garantie und Abrechnung der Banken.

In den Händen der Kommissonäre sammeln sich im Laufe der Zeit naturgemäß für die einzelnen Termine eine große Reihe von Käufen und Verkäufen an, die sich in vielen Fällen der Menge nach ausgleichen lassen. So habe z. B. ein Kommissionär zur Erfüllung der ihm erteilten Aufträge folgende Geschäfte für den Julitermin getätigt:

Datum	Quantum	Käufe	Preis		Datum	Quantum	Verkäufe	Preis	
	Tonnen					Tonnen			
31. 3.	30	von A.	131	—	26. 5.	30	an A.	144	—
2. 4.	50	„ B.	133	—	2. 5.	50	„ C.	142	—
5. 4.	50	„ B.	134	—	2. 6.	50	„ C.	146	—
10. 5.	20	von A.	132	—					

Es würde nun äußerst lästig, zeitraubend und kostspielig sein, wenn dem Kommissionär im Laufe des Juni die einzelnen Partien angedient würden, und er seinerseits das Kupfer wieder an C und A weiter andienen müßte. Es wird also zweckmäßig sein, wenn B das Kupfer direkt an C liefert, während A nur 20 t an den Kommissionär zu liefern hat, da er die übrigen 30 t zurückgekauft hat. Der Kommissionär hat also für die übrigen Transaktionen nur Anspruch auf die Differenz zwischen den Kaufs- und Verkaufspreisen. Da B die ersten 50 t direkt an C liefert, dieser ihm aber M. 142.— bezahlt, wogegen er nur M. 133.— zu erhalten hat, so muß B dem Kommissionär die Differenz von 9 Mk. vergüten.

Hier greift nun die Tätigkeit der beiden erwähnten Banken ein (in Hamburg die Maklerbank, in Berlin die Commerz- u. Discontobank), indem sie diese Verrechnung und Erfüllung der Geschäfte erleichtern. Die Banken leisten für alle diese Termingeschäfte die Garantie der Erfüllung, sobald sie ihnen von den von ihr genehmigten Maklern aufgegeben werden und die Kontrahenten ihren Wohnsitz in Hamburg-Altona bezw. Groß-Berlin haben, auch müssen die Kontrahenten zum Abschluß von Termingeschäften berechtigt sein. Die von den Maklern abgeschlossenen Geschäfte werden von diesen an die Bank gemeldet. Auf Grund dieser Ansage fertigt die Bank die Kontrakte oder Schlußnoten aus. Der Schlußschein zerfällt in zwei Hälften, deren eine der Käufer, die andere der Verkäufer erhält und die völlig gleich lauten. Sie erhalten eine Nummer, die die Kontonummer des betr. Kontrahenten bei der Bank angibt, ferner die Namen des Käufers und Verkäufers, die Menge, Liefertermin, Preis, sowie den Garantievermerk der Bank. Die Bank besorgt ferner auch die Unterschriften der Kontrahenten, den Austausch der Schlußscheinhälften und übernimmt die Einziehung der Stempelbeträge, der Kourtage etc. Der Stempel, der nach dem Reichsstempelgesetz vom 3. Juni 1906 $^4/_{10}$ pro Mille des ausmachenden Betrages beträgt, wird beiden Kontrahenten zur Hälfte belastet. Eine Kourtage wird in Hamburg nur vom Verkäufer erhoben, sie beträgt $^1/_4$%, in Berlin je $^1/_8$% für Käufer und Verkäufer. Sie fällt jedoch nicht in voller Höhe dem Makler zu, da die garantierende Bank dem Makler ihrerseits als Entgelt für die geleistete Garantie und Erfüllung in Hamburg $^1/_2$ pro Mille, in Berlin 1 pro Mille Kommission belastet. Eine Ausfertigung der Kontrakte und deren Verbuchung erfolgt erst, nachdem jeder der beiden Kontrahenten einen Einschuß von Mk. 7.— per 100 kg bei der Bank hinterlegt hat, außerdem sind die Kontrahenten verpflichtet, Nachschüsse zu leisten, und zwar wird der Nachschuß von demjenigen Kontrahenten gefordert, zu dessen Ungunsten sich der

Preisstand des Kupfers geändert hat. Diese Nachforderung erfolgt, sobald ein Preisunterschied von 2 Mk. zu Ungunsten eines der Kontrahenten entstanden ist. Die geleisteten Einschüsse und Nachschüsse sind für die Bank notwendig, um sich ihrerseits für die geleistete Garantie sicherzustellen. Die Bank ist auch berechtigt, als Selbstkontrahentin in einen von ihr garantierten Vertrag einzutreten.

Neben der Leistung der Garantie besteht die Hauptaufgabe der Banken in der Erleichterung der Abwicklung der getätigten Termingeschäfte, indem sie für Rechnung der Beteiligten die Verrechnung der sich kompensierenden Abschlüsse vornimmt und die Andienung und Erfüllung der nicht ausgeglichenen Geschäfte besorgt. Die analog dem vorhin angeführten Beispiele auf dem Konto eines Kontrahenten sich ausgleichenden Kaufs- und Verkaufskontrakte verrechnet die Bank am Ende des Lieferungsmonats. Diese Verrechnung kann auf Antrag des Kontrahenten auch bereits vor der Fälligkeit der Kontrakte vorgenommen werden, die Auszahlung bezw. Einziehung der Preisdifferenz erfolgt dann unter Hinzurechnung von Zinsen bis zum Fälligkeitstermin entweder 1% unter bezw. über dem jeweilig geltenden Reichsbankdiskont. Hat also ein Spekulant im April für den Oktobertermin einen Posten von 100 t zum Preise von 142 Mk. gekauft und verkauft er dasselbe Quantum im Juni für den Oktobertermin zu 159 Mk., so kann er die Auszahlung der Differenz von 17 Mk. per 100 kg oder seinen Gewinn von 17 000 Mk. unter Abzug des Diskontes schon im Juni verlangen und den so gemachten Gewinn in andern Operationen wieder nutzbringend anlegen. Diese Möglichkeit der vorzeitigen Gewinnrealisation ist sowohl für den Spekulanten wie für den Konsumenten von größter Bedeutung.

3. Lieferung.

Für die nicht durch Verrechnung ausgeglichenen Kontrakte übernimmt die Bank die Andienung und Lieferung der Dokumente. Hat ein Kontrahent für einen bestimmten Termin Ware verkauft, so hat er, wie wir schon sahen, im Lieferungsmonat die Wahl, die Ware an jedem Tage desselben anzudienen. Die Andienung hat jedoch nicht an den im Schlußschein bemerkten Käufer zu erfolgen, sondern an die Maklerbank, da er ja nicht wissen kann, ob sein Kontrahent nicht die Ware bereits an einen Dritten verkauft hat, sodaß eine zweifache Andienung und Lieferung nötig wäre. Er dient deshalb seine Ware der Bank an, die dann ihrerseits die Andienung an denjenigen weitergibt, der nach ihren Buchungen eine gleiche Menge Ware zu bekommen hat. Ist der Käufer, dem die Bank die Ware andient, auch nicht gesonnen, die Ware abzunehmen, sondern verkauft er diese sofort nach der Andienung wieder weiter, so muß er die Ware wieder an die Bank rückandienen, worauf diese dann dem neuen Käufer die Ware endgültig andient.

Mit der Andienung übergibt die Bank dem Käufer eine Abrechnungsnota über den an die Bank zu zahlenden Betrag, gegen dessen Aushändigung die Lieferung der Dokumente über das Kupfer erfolgt. Erfolgt die Lieferung von einem deutschen Lager aus, so sind die Dokumente innerhalb dreier Tage nach der Andienung, wenn das Kupfer auswärts liegt, innerhalb 5 Tagen zur Einlösung bei der betreffenden Bank vorzulegen. Die Zahlung hat in Mark ohne Abzug von Skonto zu erfolgen. Die Dokumente bestehen in den Lagerscheinen, die über die angediente Menge ausgestellt sind, den dazu gehörigen Wiegezetteln und je nach Art des Kupfers in den Certificaten der chemischen und kaufmännischen Sachverständigen. Mit der Lieferung und Einlösung der Dokumente ist das Termingeschäft erledigt.

Wir sehen also, daß die deutschen Kupferbörsen in ihrer Organisation und Ausbildung ihrer Technik alle diejenigen Mittel besitzen, um einen lebensfähigen Terminverkehr auf breitester Basis heranzubilden. Die Möglichkeit, fast alle Kupfermarken der Welt an den Markt zu bringen, sowie die Ware auf ein ganzes Jahr hinaus zu kaufen oder verkaufen, sowie vor allem die erleichterte Abrechnung und Erfüllung, sowie Garantie aller Geschäfte durch die Maklerbezw. die Commerz- und Diskontobank begünstigen jede Art des Börsentermingeschäftes. Je nach den Motiven, die dem Abschlusse zugrunde liegen, wird die Art und Handhabung der Geschäfte, vor allem seiner Erfüllung, verschieden sein. Der eine schließt ein Termingeschäft ab, mit der Absicht, das für Juli im April gekaufte Kupfer wirklich geliefert zu bekommen, weil er das Kupfer zur Erfüllung eines anderen Engagements oder zur Verarbeitung gebraucht, ein anderer dagegen hat nicht die Absicht, das Kupfer abzunehmen oder zu verarbeiten, er hofft in der Zwischenzeit auf eine Preissteigerung und beabsichtigt das Kupfer dann zu dem erhöhten Preise an einen Dritten zu verkaufen, er selbst erhebt nur Anspruch auf die Differenz zwischen dem Kauf- und Verkaufspreise. Es kann demnach das Termingeschäft entweder ein Lieferungsgeschäft oder ein Differenzgeschäft sein. In letzterem Falle hofft der Kontrahent auf eine Preisgestaltung, die ihm Gewinn bringen soll, es kommt also für ihn vor allem auf den Marktpreis am Tage der Erfüllung an, und es ist ganz erklärlich, daß dieser nicht immer den gehegten Erwartungen entspricht und dadurch leicht Verluste eintreten können. Diese möglichen Verluste zu beschränken oder zu verhindern, dienen eine Reihe von Termingeschäften von besonderer Art.

b) Prämiengeschäfte.

Hier kommen zunächst die Prämiengeschäfte in Betracht. Die Lieferungs- oder Vorprämie ist eine Prämie, die der K ä u f e r dem Verkäufer dafür zahlt, daß er bei ungünstiger Wendung des Marktes vom Vertrage zurücktreten darf. Sein Verlust kann also höchstens die Höhe der Prämie betragen, andernfalls kommt aber auch, wenn er Gewinn erzielt, der Betrag der Prämie von diesem in Abzug. Das Entgegengesetzte ist die Rückprämie. Hier hat der V e r k ä u f e r das Recht, beim Steigen des Preises vom Vertrage zurückzutreten, er begrenzt also seinen Verlust auf den Betrag der Prämie.

Noch größere Vorteile werden dem Prämienzahler gewährt bei der Doppelprämie. Gegen Zahlung einer zweifachen Prämie kann der eine Kontrahent am Fälligkeitstermin erklären, ob er das bestimmte Quantum kaufen oder verkaufen will. Zu diesem Zweck schließt er zwei einfache Prämiengeschäfte ab, indem er sich in beiden Fällen den Rücktritt vorbehält, das eine Mal vom Kauf, im andern

Falle vom Verkauf. Er wird also in dem Falle einen Gewinn erzielen, in dem die Preisdifferenz nach der einen oder anderen Seite mehr als der Betrag der beiden Prämien beträgt.

Eine weitere Art der Prämiengeschäfte sind die „Noch"-geschäfte. Hier zahlt die eine Partei eine Prämie für den Vorbehalt, am Prämienerklärungstage das Quantum des Vertrages „noch einmal" oder je nach der Abmachung „mehrmals" geliefert zu bekommen. Ebenso ist eine Option auf Seiten des Verkäufers möglich, der sich durch Vergütung einer Prämie vorbehält, das einfache oder mehrfache Quantum zu liefern. Lautete das Geschäft auf 20 Tonnen Kupfer mit einmal „noch", Käufers Option, so wird bei günstiger Preisgestaltung der Käufer gegen Zahlung der Prämie 2×20 Tonnen verlangen. Ist die erwartete Preissteigerung nicht eingetreten, so wird er bloß 20 Tonnen nehmen, zur Abnahme dieses Quantums ist er jedoch verpflichtet.

Die Prämiengeschäfte haben sich an den beiden Börsen in ziemlich beträchtlichem Maße entwickelt, sodaß für deren Abwicklung besondere Regulative aufgestellt worden sind. Insbesondere waren die Ein- und Nachschußpflichten zu regeln, die jedesmal der Stillhalter zu erfüllen hat, da er ja allein das Risiko trägt, während der Prämienzahler sein Risiko begrenzt. Die Abwicklung der Prämiengeschäfte erfolgt ebenfalls durch die Makler, bezw. Kommerz- und Diskontobank; zu diesem Zwecke sind die Prämien am Erklärungstage seitens des Verpflichteten an die Bank zu zahlen, schon bei Abschluß des Geschäftes ist der Bank in Höhe der Prämie Sicherheit zu leisten. Als Prämienerklärungstag gilt in der Regel der Werktag, der dem ersten Andienungstag des kontrahierten Lieferungsmonats vorangeht. Die Erklärung erfolgt ebenfalls an die Bank, die sie ihrerseits an den Gegenkontrahenten weitergibt. Die Höhe der Prämie schwankt je nach der Marktlage in ziemlich starkem Maße, desgleichen ist sie natürlich für die einzelnen Termine verschieden, über 5—6 Mk. ist sie jedoch nur selten hinausgegangen, und man konnte im allgemeinen, besonders im letzten Jahre, die Beobachtung machen, daß die Prämien an den deutschen Börsen, im Gegensatz zur Londoner

Börse, sehr billig notierten. Bei den großen Preisschwankungen, denen Kupfer unterworfen ist, liegt der Vorteil von Prämiengeschäften auf der Hand.

Im Zusammenhang mit den genannten Prämiengeschäften sei eine weitere Art von Optionsgeschäften erwähnt, die zwar nicht als solche offiziell an der Börse abgeschlossen werden, die aber doch in nicht unbedeutendem Maße zwischen Kommissionshäusern und Konsumenten getätigt werden. Während bei den vorgenannten Prämiengeschäften der Prämienzahler sich einen Vorbehalt über die Quantität der zu kaufenden oder zu liefernden Menge sicherte, hat hier der Prämienzahler die Wahl in der Qualität. Das Geschäft besteht darin, daß der Käufer gegen Zahlung eines Aufpreises sich bis 4 Wochen vor dem kontrahierten Termin erklären kann, ob er seinen Vertrag in einer bestimmten Elektrolytmarke oder in Standardkupfer erfüllt haben will.

Bekanntlich ist es ja dem Konsumenten möglich, durch entsprechende Käufe und Verkäufe an der Terminbörse sich gegen Preisschwankungen zu sichern. Hat z. B. ein Kupferwerk eine Lieferung von Kupferblechen in Ladungen von je 30 t für Mai, Juli und Oktober Lieferung am 22. April 1912 abgeschlossen, so konnte es sich für Mai und Juli in effektiver Ware beim Händler decken. Das war für die Oktoberlieferung nicht möglich. Die Firma legte ihren Berechnungen einen Rohkupferpreis von 148,50 Mk. per 100 kg zu Grunde. Sie verkaufte also, und zwar Elektrolytkupferbleche für Oktober zu 148,50 Mk. Grundpreis. Um sich zu decken, hätte sie einen Terminkauf für Oktoberlieferung an demselben Tage abschließen können, und zwar in Standardkupfer zu 146,50 Mk. Am 5. September hätte die Firma Elektrolytkupfer kaufen müssen zum Preise von 161,50 Mk., gleichzeitig würde sie das für Oktober gekaufte Standardkupfer an der Börse zu 159,50 Mk. verkauft haben. Die Firma hätte also durch den Standardkauf und -Verkauf sich die Differenz der Preisschwankung gesichert und weder Verlust noch Gewinn gehabt, auch falls die Preise bis Oktober gesunken wären, würde sie keine Verluste erlitten haben, da sich die Gegengeschäfte stets kompensieren. Für die Termingeschäfte mußte sie jedoch

2×0,4‰ Stempel, sowie 1% Kourtage als Verkäufer zahlen, welche Kosten sie bei ihren Kalkulationen mit berücksichtigen mußte. Obengenanntes Optionsgeschäft ermöglichte es jedoch der Firma, sich direkt am 22. April in Elektrolytkupfer zu decken, indem sie für Oktober Standardkupfer mit Option für Elektrolyt kaufte zum Preise von 146,50 Mk., zuzüglich einer Prämie, die seiner Zeit 2—3 Mk. betrug. Dafür sparte aber die Firma die Kosten des zweiten Termingeschäftes, neben Porto- und Telegrammspesen, vor allem den Stempel, sowie die 1% Kourtage als Verkäufer. Außerdem bestand für die Firma noch eine Gewinnmöglichkeit, falls die Preise bis Oktober zurückgegangen wären, da sie dann von der Option zurücktreten konnte. Sie hätte dann keine Prämie zu zahlen brauchen, das Standardkupfer verkaufen und sich zu dem gesunkenen Preise in Elektrolytkupfer decken können. Besonders bemerkenswert ist bei diesen Geschäften, daß die Prämie nur in dem Falle gezahlt wird, in dem eine bessere Qualität als Standardkupfer geliefert wird; dies steht im Gegensatz zu den übrigen Prämiengeschäften, bei denen ja die Prämie der Preis für das Vorbehaltsrecht ist. Die Kommissionäre sind in der Lage, derartige Geschäfte abzuschließen durch Arbitragegeschäfte ihrerseits in den verschiedenen Kupfermarken, sowie durch entsprechende Deckungsoperationen. Wie wir sahen, wechselt der Preisunterschied zwischen Standardkupfer und Elektrolytkupfer sehr stark; während nach den Schlußscheinbedingungen die Differenz 2 Mk. beträgt und feststeht, schwankt sie in Wirklichkeit zwischen 1 Mk. und 10 Mk. und mehr. Die zu zahlende Prämie richtet sich aber in der Regel nach dem gegenwärtigen Preisunterschied zwischen Standard und Electro am Tage des Abschlusses, sie differiert also in sehr starkem Maße. So wurden Optionsprämien auf Elektrolytkupfer im Jahre 1911 und Anfang 1912 mit 2,50 Mk. offeriert, dagegen wurde z. B. am 20. 1. 1913 8,50 Mk., am 11. 2. 1913 12 Mk. und am 2. 3 1913 5 Mk. gefordert. Die Möglichkeit, sich so auf weite Sichten in Elektrolyt zu decken, ist von größter Bedeutung für den Konsumenten, da er dadurch in die Lage gesetzt ist, langfristige Geschäfte zu festen Preisen abzuschließen. Zu gleicher Zeit wird dadurch das Effektivgeschäft der Kommissionshäuser erhöht und die Nachfrage des Konsums macht sich in verstärktem Maße an der Börse geltend.

c) Report- und Deport-Geschäfte.

Eine weitere Form der Termingeschäfte, die die Vermeidung eventueller Verluste bezweckt, ist das Prolongationsgeschäft, das entweder ein Report- oder Deportgeschäft sein kann. Wie schon der Name Prolongationsgeschäft ausdrückt, handelt es sich hier um eine Hinausschiebung der Erfüllung des Geschäftes. Dadurch wird es derjenigen Partei, zu deren Ungunsten sich der Markt bis zur Erfüllung gewendet hat, ermöglicht, die Entscheidung der Transaktion zu verlängern, indem sie darauf hofft, daß in der Zwischenzeit sich der Preis noch zu ihren Gunsten verändern werde. Hat z. B. ein Käufer für Mai zu 144 gekauft, der Preis ist aber inzwischen auf 141 für Mai gesunken, so würde der Käufer heute durch ein Gegengeschäft verlieren. Um dies zu vermeiden und da er hofft, daß die Preise in nächster Zeit wieder steigen werden, verkauft er die Ware jetzt entweder an seinen ursprünglichen Gegenkontrahenten oder an einen Dritten und kauft sie von neuem für Juni oder Juli von ihm zurück. Er gibt also die Ware gewissermaßen dem Betreffenden in Kost, daher wird Report- oft auch Kostgeld genannt. Die Preisdifferenz zwischen dem Verkaufspreis und dem neuen Kaufpreis bildet den Report. Der Kontrahent hofft dabei, daß der Preis weiter steigen wird, als dieser Report beträgt.

Das entgegengesetzte Geschäft ist das Deportgeschäft. Hier hat sich der Preis gegen den Verkäufer gewendet, sodaß dieser nicht gewillt ist, seine Ware abzugeben. Er kauft daher von einem Händler Ware gegen bar, er verkauft sie ihm aber gleichzeitig wieder für einen der nächsten Termine zu einem um den Deport niedrigeren Preis, sodaß er also gewinnen wird, wenn der Preis noch weiter fällt, als der Deport beträgt. Er spekuliert also a la Baisse.

Je nach der Marktlage werden nun die Report- oder Deportgeschäfte eine große Rolle spielen, im allgemeinen kann man jedoch beobachten, daß an den Kupferbörsen vor allem Reportgeschäfte getätigt werden, da die ferneren Sichten in der Regel höher notieren. Im Beginn des Jahres 1913 hatten jedoch die nächsten Termine einen Deport gegenüber dem Kassamonat, und es kam daher zu Deportgeschäften. In der Regel werden die Reportgeschäfte in Kupfer mit dem ursprünglichen Gegenkontrahenten getätigt, es kommt also in diesem Falle nicht zu den einzelnen Verkäufen und Käufen, sondern es wird lediglich eine neue Schlußnote für den neuen Termin und zu dem Reportpreis ausgestellt. Erfolgt die Schiebung nicht durch den Gegenkontrahenten, sondern durch einen Dritten, sagen wir einen Metallhändler oder eine Bank, die den Kontrakt reportiert, so erfolgt die Lieferung des ursprünglich gekauften Kupfers an diesen Dritten, der den Warrant zum vollen Betrage reportiert, und das Kupfer für den reportierten Termin an den ursprünglichen Käufer wieder verkauft, zu dem um den Report erhöhten Preis.

d) Arbitragegeschäfte.

Während es sich bei den Motiven der vorher besprochenen Arten des Termingeschäftes darum handelte, die nach der Zeit entstehenden Preisunterschiede auszunutzen, bleibt nun noch eine wichtige Art des Termingeschäftes zu erwähnen übrig, wobei das Motiv zum Abschluß des Geschäftes die Ausnutzung des örtlichen Preisunterschiedes zweier Börsenplätze ist; das ist das Arbitragegeschäft. Durch die Ausgestaltung der deutschen Schlußscheinbedingungen mit der Möglichkeit, auch Ware, die in englischen Lagerhäusern lagert, liefern zu können, ist die Arbitrage zwischen der Londoner Börse und den deutschen Plätzen ganz besonders begünstigt und hat zu einem lebhaften Verkehr zwischen den Börsen und zu einer erheblichen Steigerung der Umsätze mit beigetragen. Sobald ein Unterschied in den Preisen beider Plätze für den gleichen Termin besteht, wird es mir eine Gewinnmöglichkeit geben, Kupfer an dem Platze zu kaufen, wo es billig notiert, und dort zu demselben Termine zu verkaufen, wo es teuer ist, jedoch muß die Preisspannung zwischen beiden Plätzen derart sein, daß sie größer ist als die Unkosten, die

die Transaktionen verursachen. Für die Ausführung von Arbitragegeschäften zwischen London und deutschen Plätzen ist vor allem der Umstand von Wichtigkeit, daß bei Lieferung englischer Warrants der Verkäufer eine Vergütung von 2 Mk. oder 2,50 Mk. pro 100 kg zu leisten hat. Bis jetzt sind deutsche Warrants zur Lieferung an der Londoner Börse zwar noch nicht offiziell zugelassen, doch werden sie im privaten Verkehr auch auf englische Kontrakte geliefert, auch hier hat dann der Verkäufer, der einen deutschen Warrant liefert, eine Vergütung zu zahlen, die der Spanne von 2 Mk. im entgegengesetzten Geschäft entspricht. Mit der weiteren Ausbildung der deutschen Kupferbörsen werden in Zukunft sicher auch deutsche Lagerscheine gegen Londoner Kontrakte offiziell angedient werden können.

Gerade in der Arbitrage ist den deutschen Kupferbörsen ein Mittel gegeben, Einfluß auf die Preisgestaltung der Londoner Börse zu gewinnen. Wird in London der Preis aus irgend welchem Grunde übermäßig hoch sein und sind die deutschen Börsen nicht gewillt, diese Preissteigerung mitzumachen, so wird die Berufsspekulation Kupfer in Hamburg oder Berlin kaufen und gleichzeitig in London verkaufen. Hierdurch wird zwar der Preis an den deutschen Börsen steigen, zu gleicher Zeit wird aber der Londoner Preis sinken müssen, bis sich beide einem Mittelpreis genähert haben.

Natürlich bieten auch die Preisspannungen zwischen der Hamburger und der Berliner Börse oft Gelegenheit zu Arbitragegeschäften zwischen diesen beiden Plätzen. So korrigieren sich die Börsen in ihrer Preisgestaltung untereinander und drücken dadurch in ihren Notizen die wahre Marktlage und den durch sie gerechtfertigten Preis aus.

IV. Erfolge der Börsen.

a) Allgemeine Marktlage und Preisgestaltung.

Wenn wir die Entwicklung des Verkehrs an den deutschen Kupferbörsen näher ins Auge fassen, ist vor allem der Umstand in Betracht zu ziehen, daß die Marktlage zu

Beginn des Hamburger und Berliner Börsenhandels in Kupfer durchaus keine für die Entwicklung günstige war. Die Verfassung eines Marktes wird am besten gekennzeichnet durch das Verhältnis von Weltproduktion und Weltverbrauch, das in der Veränderung der Weltvorräte seinen Ausdruck findet. Die Weltvorräte und die entsprechenden Preise für Standardkupfer an der Londoner Börse im Jahre 1910 zeigt Diagramm II.

Wir bemerken im Laufe des Jahres ein abwechselndes Ab- und Zunehmen der Vorräte und dementsprechend ein Steigen und Sinken der Preise. Die Weltvorräte in einer Höhe von 150—170 000 t müssen als ziemlich beträchtlich gelten. Diese Höhe der Weltvorräte lastete auf dem Markte und bildete ein Hindernis für eine günstige Entwicklung. Dazu trat die Unsicherheit der amerikanischen Verhältnisse. Es bestand einerseits die Furcht einer Steigerung der Produktion durch die Inbetriebnahme neuer Minen, die noch in der Zeit vor 1907 erschlossen und gegründet worden waren, bislang aber noch nicht mit ihrer Produktion an den Markt gekommen waren, andererseits liefen Gerüchte um von einer Verständigung der wichtigsten Produzenten über eine Einschränkung der Förderung. Diese sich zum Teil widersprechenden Momente gaben dem Markt ein unsicheres Gepräge und ließen eine bestimmte Grundauffassung nicht aufkommen, und die Unsicherheit der Lage übte natürlich auf alle Spekulationskreise eine zurückhaltende Wirkung aus. Immerhin waren die Umsätze an der Hamburger Börse im Laufe des Jahres 1910 nicht unbeträchtlich und reichten an einigen Tagen sogar an die Umsätze der Londoner Börse heran. Ein genaues Bild der umgesetzten Mengen geben die Ausweise der von der Maklerbank verbuchten Kontrakte in diesem Jahre noch nicht, da einerseits die Bank erst von Februar 1910 ab die Verbuchung aufnahm, und andererseits die Kommissionäre vielfach mit ihren Kunden außerhalb der Bank arbeiteten. Eine stärkere Belebung des Marktes trat mit dem Anziehen der Preise seit Juli 1910 ein, da die Vorräte von da ab beständig abnahmen und die Einschränkung der Produktion der amerikanischen Minen wenigstens zum Teil durchgeführt wurde.

Im ganzen wurden im Jahre 1910 von der Maklerbank ca. 45 000 t Kupfer als verkauft gebucht, wovon nicht weniger als ca. 35 000 t auf die Monate Juni bis Dezember entfielen. Bei der Konstitution des Marktes und seinen langsam anziehenden Preisen in der zweiten Hälfte des Jahres fand vor allem das Prolongationsgeschäft eine starke Aufnahme. Einige Privatbankiers und Bankhäuser befaßten sich in bedeutendem Maße mit der Reportierung der Kupferkontrakte und bildeten dadurch eine große Stütze des Marktes.

Auch das Jahr 1911 war zu seinem großen Teil nicht günstig für einen lebhaften Terminverkehr. Die Weltvorräte bildeten immer noch ein Schreckbild für die Interessenten, und die amerikanische weiterverarbeitende Kupferindustrie erholte sich noch immer nicht. Im Gegenteil zeigten die Statistiken der Copper Producers Association deutlich ein Zurückgehen des amerikanischen Verbrauchs, der im ganzen Jahre um 5% hinter dem des Vorjahres zurückblieb. Der Beginn des Jahres zeigte wiederum eine Zunahme der Vorräte bis Ende März, worauf die Vorräte langsam zu sinken begannen. Wie die graphische Darstellung Nr. III zeigt, haben sich die Preise in den ersten 10 Monaten in ganz auffallend geringen Grenzen bewegt; zwischen dem höchsten und niedrigsten Preis liegt ein Unterschied von kaum mehr als 2 £, und innerhalb der einzelnen Monate haben die Schwankungen im allgemeinen nur Schillinge betragen. Trotzdem die Statistik seit Mai 1911 eine entschiedene Besserung der Verhältnisse erkennen ließ, ließ doch das Gespenst der erwarteten Zuführung aus neuen Bergwerken kein Vertrauen in die Marktlage aufkommen. Auch politische Verwicklungen in aller Welt wirkten störend. Infolgedessen war Kupfer von der Spekulationswelt fast ganz vernachlässigt. Dies änderte sich mit einem Schlage, als in den ersten Novembertagen der günstige amerikanische Ausweis bekannt wurde, der eine Abnahme der Vorräte von ca. 8 000 t feststellte. Man erkannte, daß die Produktion in den nächsten Monaten nicht dem Konsum zu folgen vermochte, und dies führte zu einer erheblichen Preissteigerung, die in den Monaten November und Dezember eine ganz beträchtliche Erhöhung der Umsätze an den deutschen Börsen im Gefolge hatte. Neben Metallhändlern und Konsumenten war es vor allem die Spekulation, die sich dem so lange vernachlässigten Kupfer wieder zuwandte. In Hamburg wurden gerade in dieser Zeit viele Mittel frei, die in großer internationaler Zuckerspekulation kurz vorher große Gewinne erzielt hatten. Dies führte besonders an der Hamburger Börse zu großen Umsätzen, die die Preise scharf in die Höhe gehen ließen und die Bewegung und den Arbitrageverkehr zwischen den einzelnen Börsenplätzen sehr abwechslungsreich gestalteten. Besonders die zwei Notierungen in Hamburg stellten sich als sehr vorteilhaft heraus, da die Kommissionshäuser auf Grund der Notierungen der Frühbörse Drahtofferten nach auswärts geben konnten und ihnen die Nachmittagsbörse am gleichen Tage Gelegenheit gab, die Aufträge der Kunden auszuführen. Im Jahre 1912 war die Situation des Kupfermarktes eine überaus günstige und hat weiter zu einer Stärkung der deutschen Kupfermärkte beigetragen. Die statistische Lage des Metalls war auch weiterhin günstig, indem die Vorräte abnahmen. Die gesamte europäische kupferverarbeitende Industrie war bis zu ihrer Leistungsfähigkeit voll beschäftigt, und auch die amerikanische Industrie nahm allmählich wieder mehr Kupfer auf. Die Rohkupferproduktion blieb in der ersten Hälfte des Jahres hinter dem Bedarf zurück, wie sich dies in den Zahlen der amerikanischen Statistik und Weltvorräte ausdrückt.

(Siehe Tabelle Seite 90.)

Seit November 1911 bis gegen Mitte des Jahres 1912 entwickelte sich ein gleichmäßiger, ruhiger Kursaufstieg, der kaum eine Unterbrechung erfuhr und im Juni 1912 seinen Höchststand mit ca. 165 Mk. erreichte. In ganz beträchtlichem Maße sind in dieser Zeit die Umsätze an den deutschen Börsen gestiegen, da die vorteilhafte Marktlage von Konsumenten sowohl wie Spekulanten in gleicher Weise ausgenutzt wurde. Auch die zweite Hälfte des vergangenen Jahres mit ihrer Unsicherheit in politischer Hinsicht und den damit verbundenen Gefahren für den Börsen-

Amerikanische Kupferstatistik und Weltvorräte 1912.

	Produktion	Amerik. Konsum	Exporte	Vorräte in Amerika	Vorräte in Europa	Weltvorräte	engl. Tonnen
Januar . .	53 276	27 832	35 789	29 589	68 670	98 209	— 12 359
Februar . .	51 802	25 102	28 191	28 098	63 007	91 105	— 7 154
März . . .	56 113	30 129	26 241	27 843	61 075	88 918	— 2 187
April . . .	56 011	31 033	23 773	29 047	59 892	88 940	+ 22
Mai . . .	56 579	32 456	31 020	22 151	52 590	74 741	— 14 199
Juni . . .	54 605	29 529	27 433	19 793	48 138	67 931	— 6 810
Juli . . .	61 233	31 738	26 840	22 446	50 574	73 020	+ 5 089
August . .	65 012	35 144	31 467	20 849	50 332	71 181	— 1 839
September .	62 540	28 331	26 904	28 155	47 945	76 100	+ 4 919
Oktober . .	64 913	37 546	21 259	34 261	46 341	80 602	+ 4 502
November .	60 132	30 969	24 958	38 466	43 281	81 747	+ 1 145
Dezember .	63 973	26 116	29 331	46 972	43 241	90 213	+ 8 566

handel hat den deutschen Kupferbörsen Gelegenheit gegeben, ihre Lebensfähigkeit und Gesundheit zu beweisen. Naturgemäß waren unter den Verhältnissen der ersten Hälfte des Jahres starke Haussepositionen eingegangen worden, die dann bei dem plötzlichen Preisrückgang zur Lösung drängten. Es zeigte sich dabei jedoch eine durchaus gesunde Lage, indem diese Posten von ersten Seiten, die Vertrauen zur Lage des Marktes hatten, glatt aufgenommen wurden. Unterstützt wurde die Börse darin allerdings ganz beträchtlich durch die Preispolitik der amerikanischen Produzenten, die, gestützt auf langfristige Lieferungskontrakte und volle Beschäftigung, durchaus zu keiner Preisermäßigung zu bewegen waren. Trotzdem seit Mitte Juli die Vorräte wieder anstiegen und trotz aller politischen Unruhen hielten sie doch an den damals gültigen Preisen fest. Während unter normalen Verhältnissen die Marge zwischen Elektrolyt- und Standardkupfer ungefähr 5 Mk. beträgt, entwickelte sich seit Oktober 1912 bis Mitte Januar dieses Jahres eine Spannung, zeitweise bis zu 12 Mk. und mehr. (siehe Diagramm IV). Auch dieser Umstand trug dazu bei, den Konsum zu Umsätzen an der Börse zu veranlassen. Die meisten größeren Kupferwerke sind in der Lage, in Raffinieröfen Standardkupfer zu raffinieren, und die Spannung von durchschnittlich 10 Mk. für 100 kg, die zwischen dem Verkaufsgrundpreis von Elektrolytkupfer und dem Standardpreis lag, ließ den raffinierenden Werken noch einen beträchtlichen Gewinn aus dem so raffinierten Material. Die Entnahmen von Standardkupfer aus den Lägern waren also in dieser Zeit ganz beträchtlich. Andererseits waren die Metallhändler in Hamburg und Berlin auf Grund früherer Käufe und durch Arbitrage mit dem Standardmarkt im Besitz größerer Posten Elektrolytkupfers. Während nun die Produzenten an dem hohen Preise festhielten, war der zweiten Hand die Gelegenheit gegeben, das in ihren Händen befindliche Elektrolytkupfer unter dem Preise der Produzenten abzustoßen und so die Transaktionen mit gutem Gewinn aufzulösen. Nachdem jedoch die zweite Hand ihr Kupfer ausverkauft hatte und die erste Hand noch immer an dem hohen Preise festhielt, wurden nun entgegengesetzte Geschäfte eingegangen, d. h. man verkaufte blanco auf spätere Termine Elektrolytkupfer und deckte sich in Standardkupfer ein in der Erwartung, daß bei den ansteigenden Vorräten die Produzenten in Kürze gezwungen sein würden, ihren Preis zu ermäßigen. All diese Umstände führten auch während der Zeit der unsicheren Verhältnisse zu bedeutenden Umsätzen an den deutschen Kupferbörsen, und man kann wohl mit Recht behaupten, daß die Hamburger und Berliner Kupferbörse die Probe ihrer Leistungsfähigkeit vollauf bestanden haben, jedenfalls ist von ernsten Schwierigkeiten an beiden Plätzen nichts bekannt geworden, und im Vergleich zu anderen Märkten und Börsen haben die genannten Kupferbörsen im vergangenen Jahre eine große Widerstandsfähigkeit bewiesen.

Die erste Hälfte des Jahres 1913 stand auch vollständig unter dem Einfluß der unsicheren politischen Verhältnisse, sowie der hohen Geldsätze. Die starke Steigerung der Vorräte am Ende des letzten Jahres führte dann bei deren Bekanntwerden im Anfang Januar zu einem gewaltigen Preissturz, umsomehr, als in der 3. Januarwoche die amerikanischen Produzenten ihre Preise um mehr als 10 Mk. pro 100 kg ermäßigten. Sie wurden dazu gezwungen einerseits durch die Unsicherheit der europäischen Weltlage, andererseits durch die Wahl des demokratischen Präsidenten und die Gewißheit einer Zolltarifänderung, die einen Stimmungsumschwung in den Vereinigten Staaten zur Folge hatte. Die Abwärtsbewegung setzte sich fort bis Ende Juni und betrug im ganzen ca. 30 Mk. pro 100 kg. Auch bei diesen scharfen Preisrückschlägen zeigten sich keine Schwierigkeiten in der Abwicklung und Erfüllung der schwebenden Börsengeschäfte. Seit Anfang Juli ist wieder ein entschiedener Umschwung in der Lage eingetreten und die Preise bewegen sich wieder in aufsteigender Linie. Die gesamte kupferverarbeitende Industrie ist außerordentlich gut beschäftigt und besonders der Elektrizitätsindustrie harren noch große Aufgaben. Auf der anderen Seite ist die Produktion in den Vereinigten Staaten in den letzten Monaten durch Arbeiterunruhen sehr zurückgehalten worden, sodaß die greifbaren Vorräte auf ein Minimum gesunken sind. Diese Lage veranlaßt wiederum sowohl Händler und Konsumenten als auch Spekulanten, der Börse zahlreiche Aufträge zuzuführen.

Die beigefügten graphischen Darstellungen der Preisbewegungen (Diagramm IV) veranschaulichen die Preisrelationen zwischen den einzelnen Börsenplätzen, ebenso auch die Preisspannung zwischen Elektrolytkupfer und Standardkupfer im vergangenen Jahre. Die Kurven zeigen, daß die Preisbewegungen der deutschen Börsen sich im allgemeinen eng an die der Londoner anschloß, und dies war nach Lage der Dinge auch ganz natürlich. Die Londoner Metallbörse mit ihrem großen Einfluß auf den europäischen Metallmarkt hat ein historisches Prestige, das nicht so leicht zu erschüttern ist. Auch das Zurückgreifen des deutschen Terminhandels auf die englischen Lager und die enge Anlehnung an die Londoner Kontrakte müssen notwendig zu einer ähnlichen Preisgestaltung führen. Immerhin zeigt sich doch, daß zwischen den einzelnen Notierungen die Unterschiede zeitweise nicht unbeträchtliche waren. Zu Beginn des Hamburger Kupferterminhandels waren die Hamburger Notierungen im allgemeinen über Londoner Parität, da es natürlich im Interesse der Hamburger Börse lag, am Platze ein Lager zu bilden. Infolgedessen fand eine lebhafte Arbitrage zwischen Hamburg und London statt. Bemerkenswert dabei ist, daß sich an diesem Geschäfte in bedeutendem Maße ein amerikanischer Großproduzent, die American Smelting & Refining Co., beteiligte, was das Interesse der Börse auch in auswärtigen Kreisen kennzeichnet. Ende 1910 bewegten sich die Kurse zeitweise unter Londoner Parität, sodaß London als Käufer in Hamburg auftreten konnte. Auch in den folgenden Jahren bis zur Gegenwart können wir die gleiche Beobachtung machen, daß sich die deutschen Börsen im allgemeinen den Bewegungen der Londoner Börse anschließen, manchmal über, manchmal unter Londoner Parität, sodaß zu einem lebhaften Austausch und Verkehr der Börsen untereinander die beste Gelegenheit gegeben ist. So notierte z. B. am 15. Oktober 1912 Standardkupfer in Hamburg 148,50 Mk., diesem Preis stand in London die Notierung in Höhe von 152 Mk. gegenüber. Die Folge davon war, daß in Hamburg beträchtliche Mengen gekauft wurden und die Preise sich näherten, um schließlich die Rollen zu vertauschen und zu entgegengesetzten Transaktionen Gelegenheit zu geben. Auch die Preisbewegungen der deutschen Börsen unter sich weisen oft Unterschiede auf, aus denen sich viele wechselseitige Beziehungen zwischen Hamburg und Berlin ergeben haben.

Im allgemeinen kann man die Beobachtung machen, daß die deutschen Börsen auf Baissestimmungen schärfer reagieren als die Londoner Börse, und dies zeigt wohl, daß die berufsmäßige Spekulation an den deutschen Börsen in ihrer Kapitalkraft der Londoner Börse noch nachsteht.

b) Umsätze.

Für die Entwicklung der deutschen Kupferbörsen spricht wohl am deutlichsten die Steigerung ihrer Umsätze. Nach den statistischen Zusammenstellungen der Metallgesellschaft zu Frankfurt a. M. standen die Umsätze an der

Londoner, der Hamburger und Berliner Börse in folgendem Verhältnis:

Umsätze in Standard-Kupfer
in metrischen Tonnen.

London:

	1910	1911	1912	1913
1. Quartal	100 130	65 860	134 570	135 700
2. Quartal	111 200	66 320	182 778	77 700
3. Quartal	103 580	92 030	144 678	bis Mai
4. Quartal	92 760	113 690	128 219	
Zusammen	407 670	307 900	590 245	

Hamburg:

	1910	1911	1912	1913
1. Quartal	1 030	21 920	58 260	59 030
2. Quartal	8 940	18 835	90 470	44 345
3. Quartal	15 740	19 855	61 245	
4. Quartal	19 035	39 425	42 230	
Zusammen	44 745	100 035	252 205	

Berlin:

	1910	1911	1912	1913
1. Quartal			14 930	33 400
2. Quartal		2 200	31 260	18 600
3. Quartal		4 920	22 270	bis Mai
4. Quartal		8 560	25 340	
Zusammen		15 680	93 800	

Diese Zahlen zeigen, daß sich die deutschen Kupferbörsen besonders seit Bestehen des offiziellen Terminhandels in bedeutendem Maße entwickelt haben, jedenfalls sind die Umsätze im Vergleich zur Londoner Börse, wenn wir die junge Entwicklung der deutschen Börsen in Betracht ziehen, ganz beträchtlich.

Die Befürchtung der Hamburger Kreise, daß durch die Berliner Börse der Hamburger Börse Geschäfte entzogen würden, hat sich als unbegründet erwiesen, im Gegenteil haben sich durch die wechselseitigen Beziehungen der deutschen Börsen die Umsätze beider Plätze nur gehoben.

An beiden Börsen wird die Erfahrung gemacht, daß sich die Konsumenten in ziemlich starkem Maße an dem Terminhandel beteiligen und sich die Geschäfte der Spekulanten, Konsumenten und Händler ungefähr die Wage halten. Auch dieser Umstand ist als sehr gesund und zufriedenstellend zu bezeichnen, da dadurch rein spekulative Manipulationen eingeschränkt und an der Börse wirklich die Interessen der Konsumenten vertreten werden. Für die oben geschilderten Options-, Report- und Arbitrage-, sowie Prämiengeschäfte war durch die Preisgestaltung des Jahres 1912 ganz besondere Gelegenheit gegeben, die von den Konsumenten einerseits und den Spekulanten andererseits in großem Maße ausgenutzt wurde.

c) Rivalität zwischen Hamburg und Berlin.

Es ist oft die Frage aufgeworfen worden, ob die Schaffung zweier deutscher Kupferbörsen überhaupt zweckmäßig und vorteilhaft war. Es werden sich durch das Vorhandensein zweier deutscher Kupferbörsen sowohl Nachteile wie Vorteile ergeben. Einen großen Nachteil sehe ich in der Zersplitterung der Kräfte. Es ist klar, daß wenn Angebot und Nachfrage sich an einer Stelle treffen, an der von allen Seiten, von den verschiedensten Interessenten Kauf- und Verkaufsaufträge einlaufen, und dies ist bei den heutigen Verkehrsmitteln wie Telephon und Telegraph in Deutschland durchaus möglich, so kann hier eine viel größere Menge von Aufträgen befriedigt werden, als dies an zwei Plätzen möglich ist. Die Preisnotiz einer Börse richtet sich aber nach dem Verhältnis von Angebot und Nachfrage, und je größer Angebot und Nachfrage sein werden, desto besser wird die Notiz der wahren Marktlage entsprechen, desto mehr Einfluß wird die Börse auch mit dieser Notiz auf den Weltmarkt gewinnen können.

Andererseits ist es einer Spekulanten- oder Produzenten-Gruppe mit großer Kapitalkraft möglich, durch geschickte Börsenoperationen die Preisgestaltung einer Börse bis zu einem gewissen Grade willkürlich zu beeinflussen. Dies ist jedoch bei dem Vorhandensein zweier lebensfähiger

Börsen nicht so leicht möglich. Ein anderer Vorteil liegt in dem Arbitrageverkehr, der sich zwischen beiden Börsenplätzen entwickeln kann und der die Gesamtumsätze beider Börsen natürlich vermehrt. Außerdem entwickelt sich durch den Börsenhandel an diesem Platze auch das Effektivgeschäft; die Reihe der Effektivhändler wird dadurch vergrößert und das Risiko auf eine größere Anzahl von Personen verteilt. Unter diesen Gesichtspunkten ist die Schaffung zweier Börsenplätze von Vorteil.

Wie sich die Verhältnisse heute gestaltet haben, hat bis jetzt die Hamburger Kupferbörse vor der Berliner entschieden einen Vorsprung voraus. Die starke Entwicklung der Hamburger Kupferbörse ist um so auffälliger, als Hamburg vor Beginn des Börsenhandels in Kupfer eines effektiven Handels in diesem Metall so gut wie entbehrte; ebenso fanden die dortigen Bestrebungen zunächst wenig Unterstützung von Seiten der ersten deutschen Metallhändler und großen Kupferkonsumenten. Die Entwicklung ist daher in der Hauptsache den Hamburger Händlern selbst und Hamburger Finanzkreisen zu danken. Die Hamburger Kupferbörse ist der Berliner in einer kapitalkräftigen Spekulation bedeutend überlegen. Die Kreise der Hamburger Haute-Finance, die sich in starkem Maße an dem Kupferterminmarkt mitbeteiligen, fehlen in Berlin, wo der Handel sich vor allem zwischen einer Reihe größerer oder kleinerer Metallhändler vollzieht. Der Hamburger Kapitalist ist von jeher gewöhnt, seine Mittel in Warenspekulationen anzulegen, im Warenterminhandel seine Gewinne zu erzielen. Gerade die Mannigfaltigkeit der Geschäfte, die den Hamburger Beziehungen mit allen Ländern der Welt knüpfen läßt, verursachen, daß er stets über die Vorgänge auf dem Weltmarkt, über die Konjunkturen der überseeischen Länder, insbesondere Amerikas, orientiert ist. Das Fehlen jeder Spezialisierung auf eine ganz besondere Warengattung machen sein Kapital zu einem besonderen mobilen, das, nachdem es in einem Warenzweige Gewinn gebracht hat, durch Realisation frei wird und nun in einem anderen Handelszweige, dessen Konjunktur günstig erscheint, neue Gewinne erzielen kann. Eine starke berufsmäßige Spekulation bildet aber die Hauptgrundlage eines Börsenhandels.

Im Gegensatz zur Hamburger Börse ist die Beteiligung der Berliner ersten Finanzkreise an dem Börsenhandel in Kupfer bisher nur gering gewesen. Die Berliner Börse hat jedoch im letzten Jahre dadurch eine bedeutende Stütze erhalten, daß sich die ersten deutschen Metallhäuser, wie die Metallgesellschaft, Aron Hirsch u. Sohn und andere bedeutende Firmen, die sich zunächst den Bestrebungen zur Errichtung deutscher Kupferbörsen verhältnismäßig fern hielten, in größerem Maße ihr Interesse besonders der Berliner Börse zuwandten. Auch ein amerikanischer Großproduzent ist heute durch seine Vertretung Mitglied des Berliner Kupferbörsenvereins. So sehen wir, daß in der Mitgliedschaft beider Börsenvereine zwei verschiedene Elemente stark vertreten sind: in Hamburg die kapitalkräftige Spekulation, in Berlin der kapitalkräftige Metallgroßhandel. In diesem Gegensatz der beiden Börsen liegt es, daß beide sich in ihren wechselseitigen Geschäften ergänzen können und es durch Arbitrage vermieden wird, daß das eine oder andere Element seine eigenen Interessen zum Schaden der Gesamtinteressen ausnutzt.

Allgemeine Bedeutung der deutschen Kupferbörsen.

Die Hauptbedeutung der deutschen Kupferbörsen liegt heute darin, daß sie dem Konsumenten die Möglichkeit geben, sich gegen die Preisschwankungen, denen das rote Metall unterworfen ist, zu sichern, wie wir es bei den angeführten Beispielen sahen. In dieser Hinsicht erfüllen die Börsen heute schon ihre Aufgabe und die Hoffnungen, die an sie geknüpft waren. Sie machen dadurch den deutschen Konsumenten unabhängiger von den amerikanischen Preisbeeinflussungen und den bedeutenden Konjunkturschwankungen. Auch die Möglichkeit, durch weitsichtige Termingeschäfte eine günstige Konjunktur auszunützen, ist von großem Nutzen für den Konsumenten und Händler. Wie das Beispiel der Hamburger Verhältnisse zeigt, hat die Entwicklung des

Terminhandels daselbst auch zu einer Steigerung des Effektivhandels in Kupfer beigetragen, den Hamburg bis dahin so gut wie entbehrte. Durch die Entwicklung eines starken deutschen Metallhändlertums wird jedoch das Risiko, das der Konsum bisher trug, indem er von einem kleinen Kreis von Großhandelsfirmen, die eigentlich gar keine Händler, sondern die Produzenten selbst waren, abhing, auf eine größere Zahl von Interessenten verteilt. Gerade die Produktion von Kupfer bringt es mit sich, daß sich Angebot und Nachfrage nicht stets in gleichem Verhältnis gegenüberstehen können. Die Erschließung eines neuen Bergwerks muß, um den Bau rentabel zu gestalten, im Großbetrieb geschehen, ebenso muß auch die Anlage neuer Raffinerien mit einem Schlage ein bedeutendes Quantum Kupfer auf den Markt werfen. Der Bedarf des Konsums dagegen entwickelt sich viel gleichmäßiger und zeigt eine gewisse Stabilität, die erst nach einiger Zeit wieder an die Produktion heranreicht. Hier ist es nun die Aufgabe des Händlers, vermittelnd zwischen Produktion und Konsum zu treten. Er muß einstweilen die Ware übernehmen, auf Lager legen und erst dann dem Konsum zuführen, wenn er sie braucht. Da dabei aber der Händler ein großes Risiko auf sich nimmt, so wird es um so besser sein, wenn dieses Risiko auf möglichst vielen Schultern lastet, also verteilt wird. Von diesem Gesichtspunkt aus ist die Entwicklung neuer Händlerfirmen in Hamburg und Berlin von großer volkswirtschaftlicher Bedeutung. Sie ist aber ihrerseits nur möglich, wenn auch die Händler das übernommene Risiko zum Teil abwälzen können, und dies können sie durch die Beteiligung des Kapitalisten oder Spekulanten, der sein Kapital, das zur Zeit anderweit nicht gebunden ist, vorübergehend in der Ware anlegt, indem er an den Terminbörsen spekuliert. So verteilt sich das Risiko durch den Terminhandel auf eine große Zahl von Personen und nützt so der Volkswirtschaft. Diesen Aufgaben werden die deutschen Kupferbörsen auch in Zukunft in immer stärkerem Maße gerecht werden.

Der Hauptvorteil eines Börsenterminhandels besteht in der Preisbildung und der Ausgleichung der Preise, und zwar soll der Börsenpreis alle diejenigen Momente und Einflüsse zum Ausdruck bringen, die den Markt beherrschen. Wie wir feststellten, lehnten sich die Preisbewegungen der deutschen Kupferbörsen eng an die der Londoner Börse an, und seit dem Bestehen der Börsen war diese Preisbildung auch in dem Verhältnis von Angebot und Nachfrage begründet. Ob die deutschen Börsen in Zukunft imstande sein werden, sich mit Erfolg gegen eine willkürliche Preisfestsetzung gewisser Produzentengruppen zu wenden, darüber kann ein Urteil nicht gefällt werden, dies hängt ganz davon ab, ob die deutschen Kupferbörsen sich zu einer Weltbedeutung mit Einfluß über die Grenzen Deutschlands hinaus entwickeln werden. Würden aber die deutschen Kupferbörsen einen maßgebenden Einfluß auf den Weltmarkt in Kupfer gewinnen, so würde dadurch, daß sich der Terminhandel an unsern Börsen auf ein ganzes Jahr hinaus erstreckt, ein bedeutender Einfluß auf die Konjunkturschwankungen, die nicht zu vermeiden sind, ausgeübt werden. Die Preise würden an Stabilität gewinnen, an Stelle der großen Preisschwankungen würden dann zwar häufigere, aber geringere Schwankungen treten.

Leider ist durch die Einrichtung der Standardnotiz an den deutschen Börsen nicht die Basis geschaffen worden, auf der es möglich wäre, Skala-Abschlüsse für Elektrolytkupfer zu tätigen. In dem wechselnden Preisunterschied zwischen Standard- und Elektrolytkupfer liegt ein Hinderungsgrund, den wir schon bei der Besprechung der Londoner Börsennotiz erwähnten. Als Basis könnte nur eine Börsennotiz für Elektrolytkupfer dienen, und es ist als ein großer Nachteil zu betrachten, daß uns auch die deutschen Kupferbörsen keine Elektrolytnotiz gebracht haben. Es war jedoch für die Börsen nur möglich, durch Anlehnung an den Londoner Kontrakt und durch Schaffung einer breiten Grundlage, bei der alle Kupferarten dem Handel zugrunde liegen, einen ausreichenden Terminhandel, bei dem größtmöglichstes Angebot und Nachfrage befriedigt werden kann, ins Leben zu rufen. Doch es ist zu hoffen, daß mit der Erstarkung der deutschen Kupferbörsen auch eine Notiz für Elektrolytkupfer geschaffen wird, die der wirklichen Marktlage entspricht.

So knüpfen sich große Hoffnungen für die Zukunft an die deutschen Kupferbörsen, und nicht allein die der Kupferinteressenten, sondern der gesamten deutschen Metall-Industrie, da beide Börsen zu allgemeinen Metallbörsen ausgebaut werden sollen. Hamburg hat auch hierin einen Vorsprung, indem es seit dem 1. Januar 1912 den Terminhandel in Zinn aufgenommen hat und damit seinem Ziele wieder ein Stück näher gekommen ist. Inwieweit jedoch die deutschen Metallbörsen die auf sie gesetzten Hoffnungen erfüllen werden, muß die Zukunft lehren.

Diagramme.

Diagramm I.

Preisbewegung für Standardkupfer an der Londoner Börse
1902 — 1912.

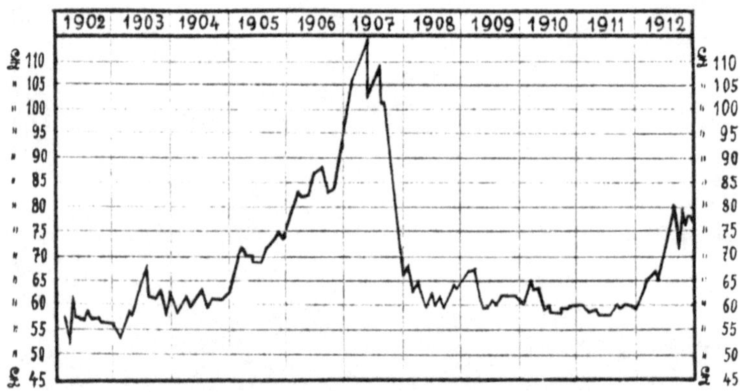

Diagramm II.

Weltvorräte u. Preisbewegung von Standardkupfer im Jahre 1910

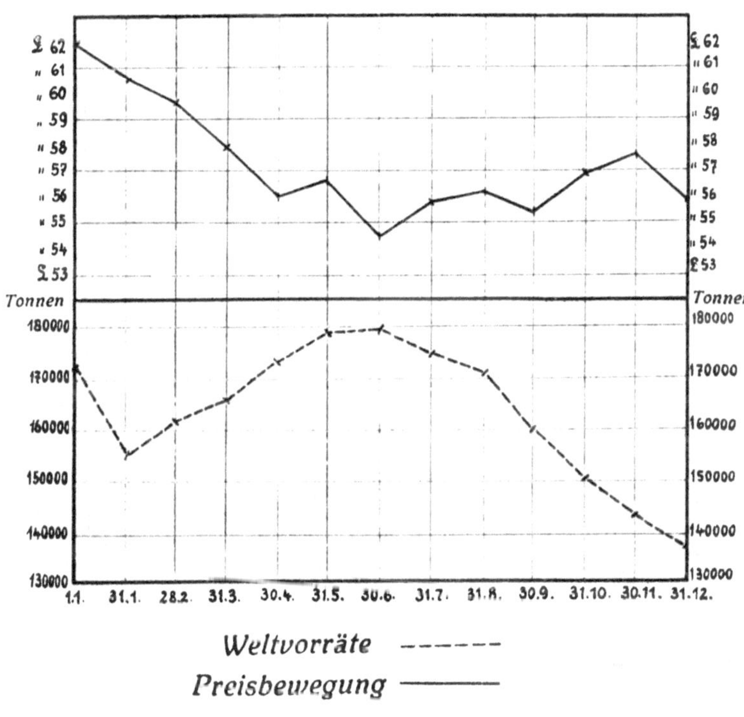

Diagramm III.

Weltvorräte u. Preisbewegung von Standardkupfer im Jahre 1911.

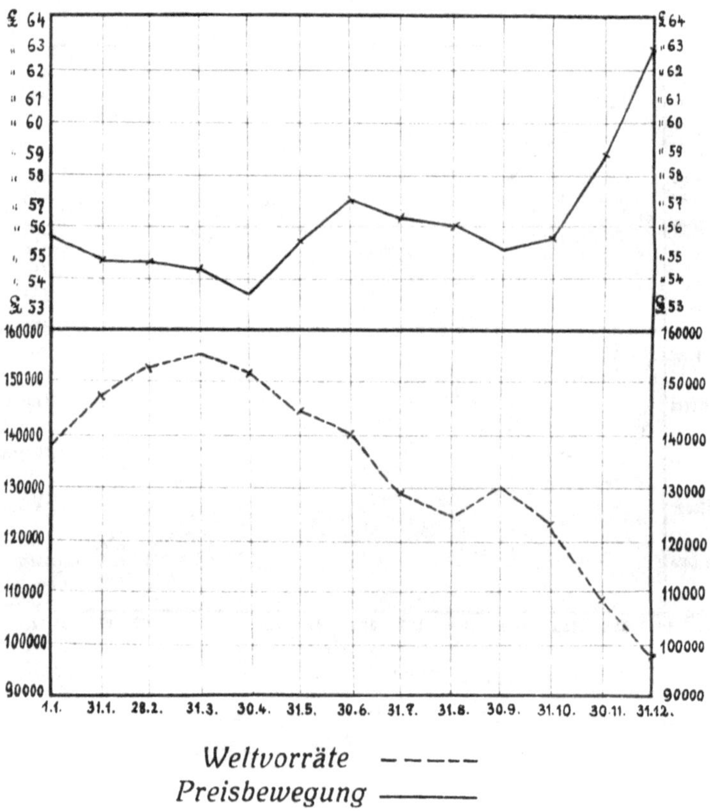

Diagram Nr. IV.

Preisbewegung von Kup

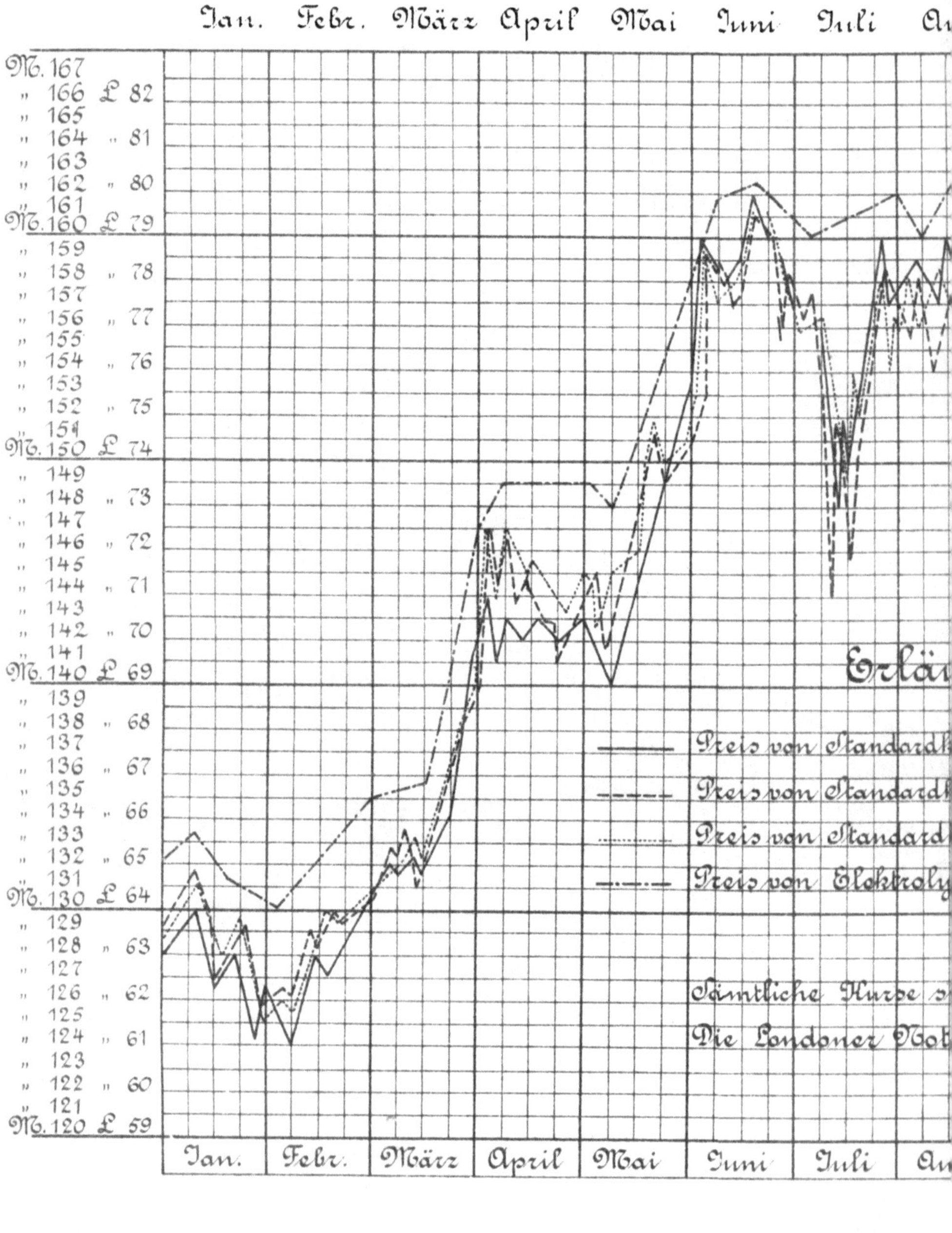

Gisaldruck v. Bogdan Gisevius, Berlin W. Bülowstr. 66.
D.R.P.

…von Januar 1912 - April 1913.

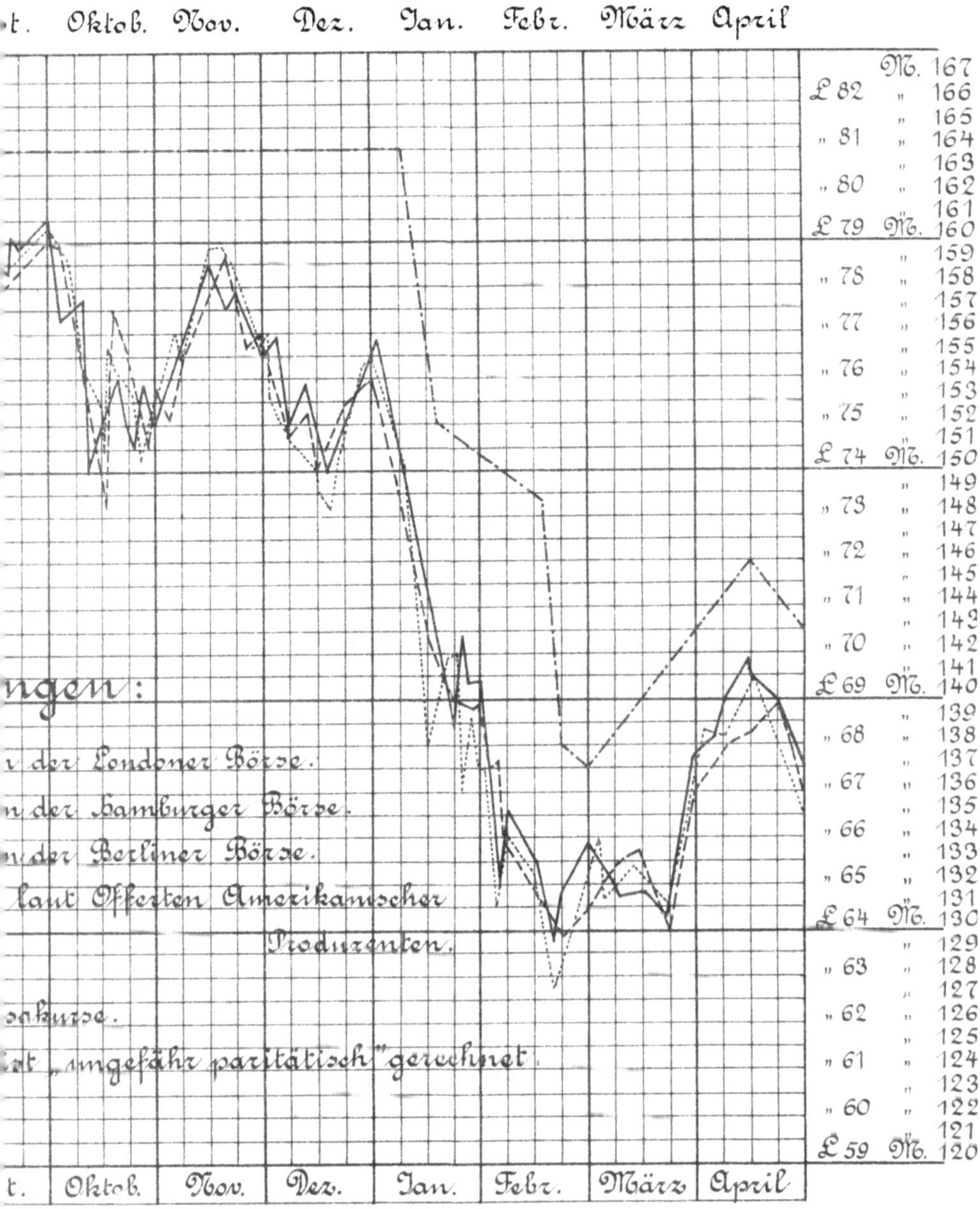

Anfang 1914 erscheinen:

H. Krüer, Die Markthallen und ihre Hilfskräfte als Faktoren der Lebensmittelversorgung in unseren Großstädten.

Die Darstellung beruht namentlich auf den persönlichen Erfahrungen des Verfassers und sucht die bisher sehr lückenhafte und einseitige Literatur über die Lebensmittelversorgung der Städte wesentlich zu ergänzen, die entweder nur die Fleischversorgung oder die Bautechnik der Markthallen berücksichtigte. Der Verfasser schildert daher unter Erfassung des Typischen die Entwicklung der Hallen in Paris, London, Wien, Berlin und den übrigen größeren deutschen Städten und zwar auf ihren allgemeinen wirtschaftlichen und hygienischen Grundlagen. Das Schwergewicht der Arbeit liegt dabei auf technischer Einrichtung der Hallen, den Anforderungen an Lage und Größe und der inneren Ausstattung auf der Organisation und den mannigfachen Arten des Hallenhandels und auf der kommunalpolitischen Seite Verwaltung und finanzielle Ergebnisse. Ein Schlußteil würdigt die Hallen im Hinblick auf die an ihrem Betrieb besonders interessierten Kreise, Konsumenten, Produzenten, den Handel inner- und außerhalb der Hallen, das städtische und allgemeine Wirtschaftsleben.

Kurt Rein, Die Konkurrenzmöglichkeiten der deutschen Feinkeramik am Weltmarkt unter besonderer Berücksichtigung der Porzellanindustrie.

Der Verfasser behandelt die Produktionsbedingungen und Ziele der deutschen Porzellanindustrie und deren Wandlungen und charakterisiert besonders die sich auf den Prinzipien des modernen deutschen Kunstgewerbes aufbauenden Eigentümlichkeiten jenes für unsere weltwirtschaftliche Stellung so bezeichnenden Gewerbes. Von da aus erörtert er namentlich dessen Absatzorganisation mit Ausstellungen, Messen, Zeitungsreklame, Exportmusterlagern und die Bedingungen und Mengen des Absatzes im Auslande.

In Vorbereitung befindet sich:

Bruno Kuske, Die städtischen Handels- und Verkehrsarbeiter und die Anfänger der städtischen Sozialpolitik in Köln bis zum Ende des 18. Jahrhts.

Diese Abhandlung beruht auf einem umfangreichen bisher noch unerschlossenen archivalischen Material und berücksichtigt überhaupt ein von der wirtschaftshistorischen und nationaloekonomischen Forschung noch sehr wenig bearbeitetes Gebiet. Der Verfasser untersucht die sozialen, sowie die finanz- und handelspolitischen Ursachen zur Entstehung einer Arbeiterschaft, die sich von allen anderen zuerst entwickelt hat. Er gibt ein ausführliches Bild ihrer Gliederung, ihrer wirtschaftlichen Lage, ihrer Organisation und ihrer Genossenschaften und schildert namentlich auch das verhältnismäßig frühzeitige Vorgehen der Kölner Stadtverwaltung mit Alters-, Invaliditäts-, Witwen- und Waisenversorgung für ihre Arbeiter.

FSC
www.fsc.org
MIX
Papier | Fördert
gute Waldnutzung
FSC® C083411

Zeitfracht Medien GmbH
Ferdinand-Jühlke-Straße 7
99095 Erfurt, Deutschland
produktsicherheit@kolibri360.de